怎样才能记得快记得准

李连芬 石伟华 ◎ 著

中国纺织出版社有限公司

内 容 提 要

美国心理学家丹尼尔·夏科特曾在《记忆的七宗罪》中总结人们的记忆力会出现七大问题：短暂性、心不在焉、阻塞、错误归因、易受暗示性、偏差和纠缠。本书作者世界记忆大师李连芬、记忆研究专家石伟华从记忆的模式谈起，介绍了如何通过打造超级记忆宫殿和数字编码，应用串联联想、挂钩、歌诀、简化、图像、定桩等各种经过实践证明有用的记忆方法，改善记忆消退和注意松懈导致的遗忘并提高记忆获取的能力，提高人们在学科记忆和记忆比赛中持久准确记忆的能力。

图书在版编目（CIP）数据

怎样才能记得快记得准 / 李连芬，石伟华著.——北京：中国纺织出版社有限公司，2023.10
ISBN 978-7-5229-0812-0

Ⅰ.①怎… Ⅱ.①李… ②石… Ⅲ.①记忆术—通俗读物 Ⅳ.①B842.3-49

中国国家版本馆CIP数据核字（2023）第145922号

责任编辑：郝珊珊　　责任校对：高　涵　　责任印制：储志伟

中国纺织出版社有限公司出版发行
地址：北京市朝阳区百子湾东里A407号楼　邮政编码：100124
销售电话：010—67004422　传真：010—87155801
http://www.c-textilep.com
中国纺织出版社天猫旗舰店
官方微博 http://weibo.com/2119887771
鸿博睿特（天津）印刷科技有限公司印刷　各地新华书店经销
2023年10月第1版第1次印刷
开本：710×1000　1/16　印张：12
字数：170千字　定价：59.80元

凡购本书，如有缺页、倒页、脱页，由本社图书营销中心调换

序

- 时间　2017年12月8日
- 地点　中国深圳世界脑力锦标赛总决赛的颁奖现场
- 人物　李连芬等参赛选手
- 事件　托尼·博赞先生为在本次比赛中取得"世界记忆大师"资格的选手颁发"世界记忆大师"荣誉证书。

以上这四个标签，是我前半生最重要的生命标志之一。除结婚和孩子出生这两个特殊的时刻外，再没有哪件事情让我记忆如此深刻。

因为从我接过"世界记忆大师"荣誉证书的那一刻起，我的人生轨迹发生了巨大的变化。没有谁比我更懂得这张纸的分量，它不仅是一个让人听上去特别羡慕的称号，一种荣誉和能力的象征，对我在这次比赛中取得的优异成绩的肯定，更承载了我自从下定决心要去挑战这件事情的200多天的记忆，承载了那段时间里不厌其烦、倾囊相授的教练们的栽培，承载了那段时间白天一起训练、晚上一起思念亲人的队友的期待，承载了我在希望、失望、绝望中重新找回信心和勇气的一次次蜕变，也承载了我因此而付出的所有一切，以及我的爱人、孩子、亲朋好友、无数学生及其家长对我的信任。当然，这份荣誉证书也承载了我在这200多天里所收获的所有知识、能力、信念和爱。

这份证书太沉重了，沉重得我每次看到它都会被带回曾经为此奋战过的200多个日日夜夜，回想起那一个个亲切的身影，那个让我紧张、兴奋、感动的赛场。

怎样才能**记得快记得准**

　　它太沉重了，沉重得我每次看到它都会感受到那些为了我而牺牲自己时间和利益的人们对我的信任、期盼和充满了求知欲望的崇拜。

　　它太沉重了，沉重得我每次看到它都会深深地意识到这不单单是我个人的一份荣耀，更是一份沉甸甸的责任，一份必须把这些方法发扬光大让更多人受益的使命。

　　于是我小心地把它暂时珍藏了起来。

　　我虽然很清醒地知道：

　　论实力，在中国的近千位世界记忆大师中，我实在是属于最普通的那种。

　　论文笔，和中国众多的作家相比，我实在是有些班门弄斧。

　　但我仍然拿起笔、找出纸、打开电脑……

　　我只想把这些好的方法告诉你们，告诉更多的人。

　　这就是我现在唯一想做的。

　　希望这一次，我能再一次坚持到最后。

　　开始吧！

目录 CONTENTS

CHAPTER 1　001
第一章　探索记忆的奥秘

第一节　关于记忆的探索 —— 003
　一、记忆源自外部的刺激　003
　二、"记"和"忆"不是一回事　004
　三、短时记忆与长时记忆　005

第二节　什么是最好的记忆模式？—— 007
　一、声音记忆　007
　二、逻辑记忆　008
　三、图像记忆　009
　四、体感记忆和情绪记忆　010

第三节　不同年龄需要不同的脑力训练 —— 012
　一、老了，记忆力就不行了？　012
　二、不同年龄段的特点及训练　013

CHAPTER 2　017
第二章　打造超级记忆宫殿

第一节　什么是宫殿记忆法？—— 019
　一、宫殿记忆法的传说　019
　二、记忆宫殿的现代应用　020

第二节　先找可用的房间，再找可用的点 —— 022
　一、大脑中的宫殿　022
　二、建造自己的记忆宫殿　023

第三节 静止原则与统一原则 ———————— 025
　　一、静止原则 025
　　二、统一原则 025
第四节 扩展记忆宫殿的房间数：虚拟房间 —— 028
　　一、打破现实的边界 028
　　二、打破房间的边界 031

CHAPTER 3 ▶ 035

第三章
各种实用的记忆方法

第一节 串联联想 ———————————— 037
　　一、图像 037
　　二、奇特 038
　　三、避免图像合二为一 039
第二节 挂钩记忆法 ————————————— 040
第三节 歌诀法 ——————————————— 043
第四节 简化法 ——————————————— 046
第五节 图像记忆法 ————————————— 048
　　一、抽象词转化：谐音法 050
　　二、抽象词转化：代替法 052
第六节 联想记忆法 ————————————— 055
　　一、空间联想 055
　　二、时间联想 055
　　三、相似联想 056
　　四、对比联想 056
第七节 定桩记忆法 ————————————— 058
　　一、人物桩 059

二、身体桩 062

三、地点桩 064

四、物品桩 071

五、文字桩 073

CHAPTER 4 ▶ 079
第四章
数字编码与数字桩

第一节　为什么要学习数字编码？———— 081

第二节　如何设计数字编码？———— 086

一、谐音法，根据数字的读音进行编码 086

二、形似法，根据数字的形状进行编码 087

三、代替法，根据数字的意思进行编码 088

四、个性法，根据数字的特殊意义进行编码 089

第三节　一秒即反应出图像 ———— 096

第四节　数字编码的优化 ———— 098

第五节　用数字桩记三十六计 ———— 102

CHAPTER 5 ▶ 107
第五章
各学科针对性记忆策略

第一节　五步记忆古诗文 ———— 109

一、记忆不押韵的古诗文 110

二、记忆押韵的古诗文 119

第二节　记忆白话文 ———— 123

第三节　英语单词的图像记忆法 ———— 126
　　一、传统的单词记忆方法　126
　　二、单词的图像记忆法　127
　　三、英语单词记忆的策略　130

第四节　历史知识点记忆技巧 ———— 136
　　一、填空和选择题的记忆　136
　　二、问答题的记忆策略　141

第五节　用形象归纳记忆法拿下地理知识 ———— 145
　　一、形象记忆法　145
　　二、口诀记忆法　145
　　三、归纳记忆法　146

第六节　用歌诀和浓缩记忆法牢记物理知识点 — 147

第七节　采用对比和歌诀记忆化学知识 ———— 149

第八节　道德与法治知识记忆技巧 ———— 151

CHAPTER 6　155

第六章
刻意练习成就记忆高手

第一节　刻意练习的四个阶段 ———— 157
第二节　合理安排训练时间　162
第三节　挑战脑力锦标赛 ———— 165
　　一、世界脑力锦标赛与世界记忆大师　165
　　二、世界脑力锦标赛训练方案　167
第四节　说出我的故事 ———— 171

后　记　▶ 183

第一章
探索记忆的奥秘

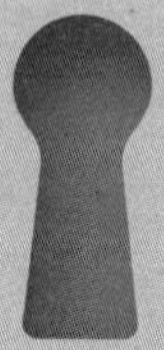

第一节　关于记忆的探索

一、记忆源自外部的刺激

人的大脑生来就有记忆的功能。但为什么有的人记忆力非常好，而有的人记忆力相对要差得多呢？对于每个人来说，为什么有的事情能记忆几天、几年甚至几十年，而有些事情转眼就会忘掉呢？想要解开这一个个的大脑之谜，请跟我一起来探索大脑记忆的奥秘吧。

"鱼的记忆只有7秒"是流传很广的一句话，但是没有科学依据。从20世纪60年代开始，很多的科学家分别对各种观赏鱼类，如金鱼、天堂鱼、斑马鱼等进行了有关记忆的研究。研究发现，不同鱼类的记忆能力有很大的区别。通过反复地训练和刺激，不同鱼类对外部环境刺激的记忆力也不一样。有的鱼类对某些环境刺激的记忆能够保持几个月的时间。

"鱼的记忆只有7秒"这句话据说源自一句广告词，其实它的下半句才是这句话想表达的重点：鱼的记忆只有7秒，所以永远不会觉得无聊！

虽然这只是一句谣传，没有科学依据，但是这句话中包含了一些道理，而且这些道理可以推广到人类的记忆中。鱼的记忆只有7秒，说明记忆过的信息是可以遗忘的。虽然鱼的记忆只有7秒，但是经过一定的外部刺激或者重复刺激后，就可以保持长久的记忆。不同的鱼对信息的记忆能力是不同的，同一条鱼对不同的刺激的记忆也是不同的。

同样地，人类的大脑也有记忆功能，但是同时也有遗忘的功能。虽然能快速记住很多信息,但也很快就会遗忘。如果想要长期记忆,就必须不断地重复。但是某些因强烈刺激而产生的记忆,即使不被重复,也会产生长期的记忆效果。

大脑的记忆源于外部的刺激。

什么是外部的刺激呢?我们的大脑通过眼、耳、口、鼻等接收到外部的视觉、听觉、味觉、嗅觉等信息,这些信息对大脑皮层产生刺激,从而形成记忆。所以,刺激越强烈,大脑皮层保留的信息就越牢固。

比如我们去参观一个花展,可以看到各种各样、五颜六色的花。花的颜色、形状多达数百种甚至上千种。一场花展下来,如果问你哪朵花给你留下深刻的印象,可能你无法找出答案。

但是,如果在众多的花中有一朵食人花(假想的一种花),前面有个明显的警示牌,上面写着"此花危险,请勿触碰"。而你好奇心太强,非要用手去摸一下,结果在手刚刚碰到叶子的时候,就被食人花的花朵咬了一口,手被咬破了。幸好手抽得快,不然可能手指都不保了。

虽然上面的这段经历是我们假想出来的,但如果真有一段这样的经历,当再有人问你对哪种花印象深刻时,你的答案肯定只有一个,那就是"食人花"。为什么唯独对这种花印象深刻呢?原因很简单,就是这朵花给我们造成的刺激非常强烈。刺激越强烈,记忆就会越深刻。

二、"记"和"忆"不是一回事

记忆其实包含两个不同的过程,分别是"记入"过程和"忆出"过程。从心理学的角度来分析,人类大脑"记入"的能力是一样的,只要没有生理上的病变,大脑都能正常地记住我们感受到的所有信息。但能不能"忆出",这就不一定了。

你是不是经常有这样的感觉:当看到一个人,听到一首歌或者遇到一件事情时,总觉得之前好像在哪里遇到过。这种似曾相识的感觉就源于记忆中有类似的信息，但是大脑不能提取并将它回忆出来。

你是不是也有过这样的经历：有时候想要回忆一个人的名字或者一本书、一首歌、一部电影的名字，却怎么也想不起来。但是突然有一天，因为其他什么事情的刺激，一下子就想起来了。

这些类似的经历说明了什么？说明这些信息都在我们的大脑中保存着，只是在我们需要它们的时候回忆不出来。

正如有人提出的"记住容易，忆出难"。我们研究记忆，学习记忆方法，提高记忆能力，实质上就是提高大脑能够准确、高效地"忆出"的能力。

我们平常所说的"忘了"，并不是指记忆的内容从大脑中消失了。记忆的内容都还保存在大脑皮层的某个位置，只是我们大脑的意识层没有办法找到它。例如，我们不常用的一些小的物品，今天拿回家后随手往某个抽屉或者角落里一放，三天后或者三年后想用的时候怎么也记不清放到哪里了。其实东西没有丢，只是我们找不到了而已。但有一天，当我们看到某个包包或者某个和它有关联的物品时，就突然想起把它放到哪里了。

而我们研究记忆方法，就是研究如何能够记住每件物品存放在哪个区域，在需要用的时候能够把它取出来。

三、短时记忆与长时记忆

人类的记忆从时间的维度来分析，大概可以分为感觉记忆、短时记忆和长时记忆。

什么是感觉记忆？

走在大街上，很多人与你擦肩而过，那么这些人的长相、体态、服饰以及他们走路的姿势、表情等都会在你脑海中形成感觉记忆。我们可能根本没有注意到这些信息，但只要是我们的眼睛看到过的，都会形成感觉记忆。

在一间教室里，有30个孩子在上课。课间休息时，孩子们都在相互打闹、说笑，你在椅子上闭目养神，但是每个孩子说话、大笑的声音，甚至每个孩子说过的每句话，都会在你的大脑中形成感觉记忆。

没有强烈的刺激，这些感觉记忆在后期是很难被回忆起来的。

那短时记忆是什么？

我们来看一个经常会发生的例子。你正专注地玩着游戏，这时候有人问你"几点了？别耽误了开会"，你看了一眼腕上的手表说"还没到点呢"，然后接着玩游戏。但转眼你就忘了刚才看到的时间。事实上，你刚才确实已经清楚地看到手表上显示的时间，但你的注意力立刻被游戏占据了，时间这一信息没有被复述，于是很快遗忘了。

又如，你在报纸上看到一则广告比较感兴趣，想咨询一下产品，于是看了一眼咨询电话，马上拿出手机拨打过去。但不到一分钟，你就已经把这个电话号码忘掉了。

一般情况下，短时记忆保持的时间就在几秒钟至几分钟之间。超过十分钟的记忆其实就不算是短时记忆了。

长时记忆有两类：一种是刻意的记忆，另一种是被动的记忆。

刻意记忆就是主动把信息记住。比如为了考试背诵一些知识点，记忆大师比赛时要记住一副扑克牌的顺序，或者在日常生活中记住某些待办事项等。

而被动的长时记忆就像是前文中我们虚构的"被食人花咬破了手指"这类由强烈刺激事件导致的记忆，虽然不是主动记住的，但仍然可以保持很长时间。

长时记忆能够保持几小时、几天甚至几年的时间。如果再经过一定程度的强化和重复，长时记忆就会变成永久记忆。

我们学习的母语中的常用字、词的读写听说，骑自行车、开车的能力，生活的基本常识等，基本都属于永久记忆。

第二节 什么是最好的记忆模式？

我们还可以根据所记信息的类型对记忆进行分类。比如，记忆可以分为声音记忆、逻辑记忆、图像记忆、体感记忆、情绪记忆等。

我们刻意记忆的通常是声音记忆、逻辑记忆和图像记忆。我们有必要再对"刻意记忆"做进一步的解释。所谓刻意记忆，就是我们有意识地记住东西。背诵课文、记单词等都属于刻意记忆。

一、声音记忆

对于常见的文字类信息，大部分人采用的是声音记忆模式。所谓声音记忆，就是"读背"模式，也就是我们平常所说的"死记硬背"，主要是通过反复地读、反复地背的方式来达到记忆的目的。

声音记忆，主要是通过声音反复地刺激听觉器官来完成记忆。很多人对"死记硬背"有误解，认为我们之所以能记住是因为反复地读了很多遍。其实，我们记住的原因并不是嘴巴读，而是耳朵听。

在你耳边反复地放一首歌，时间长了你就会自然地记住这首歌的歌词。如果在你耳边反复地播放一段录音，比如《三字经》《千字文》等，即使你自己的嘴巴不曾说一遍，只要听的次数达到一定的量，我们的大脑依然可以记住所听到的内容。所以，声音记忆是因为我们听到了。听的次数越多，记忆的效果就越好。

另外，对于那些没有文字的声音信息，只能通过这种模式来记忆。还记得很多年前流行的神曲《忐忑》吗？如果我们想记住这首歌，最简单的办法就是反复地听。听一段时间后，自然就记住整首歌的旋律了。当然，你能不能唱得好、唱得像，这就和记忆没有关系了。

声音记忆是最简单、易用的记忆方法。孩子最初学习说话，依赖的就是声音记忆。比如，当小孩子还不识字时，通过重复听儿歌"两只老虎、两只老虎""门前大桥下游过一群鸭"等，就能记住大量的信息。

二、逻辑记忆

所谓逻辑记忆，就是老师们常说的"理解记忆"。逻辑就是理解和推理。在记忆一段信息之前，先理解它的真正意思，发现它的规律，找出其中的逻辑关系，记忆起来就容易多了。

并不是任何的材料都能通过逻辑记忆的模式来记忆。比如，前面我们说的神曲《忐忑》似乎就不能采用逻辑记忆的模式来记忆。但是有些材料就适合用逻辑记忆来记忆。比如这样一首诗：江南可采莲，莲叶何田田。鱼戏莲叶间。鱼戏莲叶东，鱼戏莲叶西，鱼戏莲叶南，鱼戏莲叶北。

这首诗的后五个短句有非常明显的特点，先是"鱼戏莲叶"，然后紧跟着"东西南北"。只要我们能找到这样的规律（逻辑关系），那一首七句的长诗只需要记三句就可以全部记完了。

对于很多更复杂的文字内容，在记忆的过程中如果能准确地找到文字间的规律（逻辑关系），记忆起来难度就会降低很多。比如，物理学上的很多公式、定理，如果不能做到理解，而是纯粹地死记硬背（也就是前面说的仅仅靠声音记忆），往往记忆的效率特别低。就算是能勉强记住，也很容易遗忘，或是在回忆的时候出现混乱或者错误。但是如果能真正地理解公式、定理的原理，记忆起来就容易得多了。比如，如果能够理解电阻、电压和电流的关系，那么与之相关的很多定理、规律就可以自然地记住了。

国内著名的实战派记忆导师林彼得老师曾说过一句非常有名的话："凡是通过理解就能记住的知识点，不要启用记忆法。"后来林彼得老师把这句话总结为六个字：无理解，不记忆。可见，就算是已经掌握了世界上最先进的记忆方法，拥有了超强的记忆力，仍然不能忽视理解记忆（逻辑记忆）在记忆过程中的重要作用。

三、图像记忆

图像记忆是目前国内被全脑教育界吹捧得最厉害的记忆模式。其实，图像记忆是大脑固有的一种记忆模式。一个几个月大的小宝宝，可以分辨出谁是自己的爸爸妈妈，谁是陌生人。一个不识字的孩子，能够记住很多玩具的特征，能够记住很多本画册的不同。这些都是靠图像记忆。我们看一场电影，看一场大型的演出，看一场画展等，在大脑中留下的印象大部分是靠图像记忆完成的。图像记忆是记忆速度最快、记忆信息量最大的一种记忆模式。

我们以看一场画展为例来说明图像记忆的优越性。比如有一幅画，画得非常好，可惜现场不让拍照，你该如何向没有去过画展现场的朋友描述这幅画呢？

不管你用什么样的语言，用300字、500字还是5000字，花费3分钟、5分钟还是50分钟，都很难完整地向别人描述出这幅画上的所有信息。但是如果现场允许拍照呢？你只需要拍一张照片，给没机会去现场的朋友看照片就可以了。哪怕看照片的时间只有3分钟、1分钟甚至几秒钟，在大脑中留下的印象和信息量也会远远超过我们用几百字、几千字描述的。这就是图像记忆的力量。

记忆大师们为什么能够在十几秒钟的时间内记下一整副被洗乱的扑克牌的顺序呢？因为这些扑克牌都被转换成了图像信息，而不是"红桃5、草花7、黑桃Q"这样的文字符号信息。有的人之所以能在一天之内背下全文5000多字的《道德经》，是因为把生涩枯燥的古文转换成了生动形象的图像，运用图像记忆，而不是靠声音记忆来死记硬背。

关于记忆大师们是如何把扑克牌、古文转换成图像来记忆的，我们将会在后面的章节中为大家进行系统、详细的介绍。在这里，大家先了解这样的一个概念，在声音记忆、逻辑记忆和图像记忆这三种记忆模式中，图像记忆的速度和效果都是最好的。

四、体感记忆和情绪记忆

除了上面的几种记忆模式，大脑还有另外的两种记忆模式。

一是体感记忆。何为体感？就是身体的感觉。比如视觉中的刺眼、黑暗，听觉中的噪声、震耳欲聋，触觉中的软、硬、冷、热、疼、痒，以及身体内部的恶心、眩晕等。这些感觉都属于体感，我们对这些感觉也是有记忆的。

如果你的大腿曾被针扎破而流血，当有人拿着针对着你的大腿比画几下时，即使你没有被扎到，仍然会回忆起曾经被扎时的疼痛。这种记忆就是体感记忆。

二是情绪记忆。情绪记忆是什么？就是受外部刺激的影响，我们的情绪产生强烈波动而形成的记忆。比如我们常说的"一朝被蛇咬，十年怕井绳"，就是情绪记忆的真实写照。"被蛇咬"是外部事件，它令我们产生了强烈的情绪反应——"恐怖和被惊吓的情绪"。所以以后但凡看到蛇或者与蛇类似的物品（井绳），都会重新将我们带回到当时的那种强烈的情绪中，这就是因为情绪是有记忆的。

体感记忆和情绪记忆比较难把握，所以很少有人把它们应用到记忆方法中。但是在利用记忆方法将信息转化成图像并进行记忆的过程中，如果我们能巧妙地把体感记忆和情绪记忆也融合进去，记忆的牢固性将会大幅提升，记忆的效率会更高，记忆的图像会更加清晰。

声音记忆是最简单、易用的，逻辑记忆是基础，图像记忆是速度最快、效果最好的。那在实际应用的过程中，我们应该采用哪种记忆模式呢？

我们要根据记忆材料的不同来选择不同的记忆模式。有些材料采用声音记忆模式的死记硬背效率更高；有的记忆材料更多需要靠理解、归纳和总结其规律；有的材料画个图就记下来了。

不过，我更倾向于另外的一种记忆模式，如果能够按照这样的模式来解决很多材料的记忆问题，记忆的效率一定会大幅提高。这种记忆模式，我们管它叫：三种模式同时启用。

第三节　不同年龄需要不同的脑力训练

一、老了，记忆力就不行了？

人类的大脑从出生开始，在不同的年龄阶段有不同的生理特点。我们常听到年龄大的人说"老了，记忆力不行了"，其实指的是到了一定年龄，声音记忆的能力会有所下降。

抛开记忆方法不谈，我们常说的记忆力好或者不好，一般是指声音记忆的能力，也就是不采用任何记忆方法和技巧，纯靠大脑自然记住的能力。这种自然的记忆力强弱是和年龄有很大关系的。

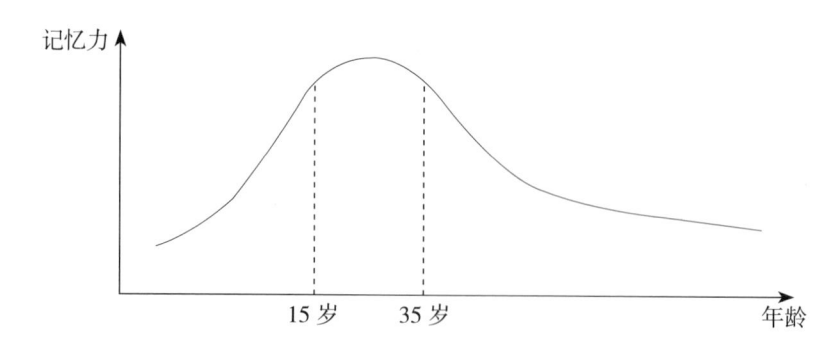

从上图中，我们可以大概了解一下记忆力与年龄的关系。

大部分人在15岁左右，记忆力达到较佳状态，并在25岁左右达到记忆力的峰值，这种状态大约能保持20年。35岁以后，记忆力开始逐渐下滑。所以说，对于大部分人来说，记忆力最好的20年是15~35岁。这也正好说明了，为什么我们国家现在有近1000位世界记忆大师，有80%是在其15~35岁时拿到荣誉的。那么过了35岁就完全没有希望成为记忆大师了吗？也不是，只是说同样的训练时间、同样的训练强度，35岁以后的训练效果就不如35岁以前了。

也有些资料表明，人类记忆最好的年龄是13~45岁。具体数字并非关键，我们没有必要纠结究竟是几岁，因为我们并非要做脑科学的学术研讨。我们只要知道人类的记忆随年龄变化的大致规律就足够了。知道这个规律可以更好地帮助和指导我们来训练自己的记忆力。

我们难以掌控记忆力自然增强和衰弱的周期，但可以通过锻炼来改变能够达到的记忆力高峰。这样的锻炼应该开始于15岁之前，如果开始于10岁之前，效果会更好。

当然，这里说的锻炼并不一定是要学习记忆大师们的这些方法，也并不一定是要去做记忆大师们才做的那些训练。其实在六七岁之前，把更多的时间用在练习声音记忆，也就是死记硬背，也许效果更好。因为这个年龄段，死记硬背的能力只要锻炼，提升就会很快。到了八九岁以后，死记硬背的能力基本定型了，这时候更好的建议是借助方法来提升记忆力。

在八九岁之前，除了多多锻炼声音记忆，还可以做一些图像记忆方面的训练。这里所说的图像记忆的训练，是指不涉及方法和技巧的图像记忆的训练。与后面章节中所讲的编码图像、定桩等不是一个概念。

也可做一些图卡的训练，比如七田真的1000张大图、曼陀罗卡等。

二、不同年龄段的特点及训练

在不同的年龄段，大脑适合的训练是有很大区别的。比如，逻辑记忆对于7岁以下的小朋友来说非常困难。7岁以下的小朋友掌握的逻辑规律普遍较少。在大街上，如果你突然看到面前的一个人腾空而起，你肯定会吓得大叫。但是如果一个7岁以下的小朋友看到这样的情景，肯定特别开心。在孩子的眼中，

"人不能飞"的规律是容易被打破的，因此他们更能接受新鲜事物。但也正因为掌握的规律少、逻辑思维未充分发育，所以他们缺乏运用逻辑推理来记忆的能力。

所以，给7岁以下的小朋友做逻辑记忆的训练是事倍而功半的。这个年龄段的孩子更适合做声音记忆和图像记忆的训练。声音记忆就是让小朋友多读和听儿歌、古诗词，以及外语的经典对话等。这不仅可以拓宽孩子的知识面，对其声音记忆能力也是一种非常好的锻炼。在图像记忆方面，可以尝试做一些记图片的训练，也可以做一些想象力的训练。这些训练可以为将来学习和掌握图像记忆奠定非常好的基础。

小朋友到了10岁以后，可以慢慢接触和训练逻辑记忆，训练总结归纳的能力、提取关键字的能力（后面的章节会有详细的介绍）、逻辑推理的能力等。这对于将来学习数理化等理科知识和阅读、分析、归纳文科的文字材料也会有很大的帮助。

但小学和初中阶段，特别是小学阶段，千万不要因为孩子学习了记忆法，就完全放弃声音记忆的训练。也就是说，虽然孩子学习并掌握了记忆法，也要坚持训练死记硬背的能力。

看到这个观点，很多的朋友可能会问："那为什么还要学记忆法呀？学记忆法不就是为了摆脱死记硬背吗？"其实这是对记忆法的偏见。学记忆法并不是要完全抛弃死记硬背，而是借助记忆法把我们死记硬背的能力发挥得更好。

我们学习记忆法的最终目的不是记数字、记扑克牌、记抽象图像，更多的还是希望通过记忆法帮助自己更轻松地记忆学科知识。学科知识大部分是"文字信息"，这与扑克牌、数字这样单调的信息还是有很大区别的。对于某些文字信息的记忆，可能通过逻辑记忆和声音记忆的效率会更高。这时候非要采用记忆法来记忆的话，就有些画蛇添足了。

如果你现在已经到达而立之年，就不建议你再训练声音记忆了。因为从生理角度来看，这时候大脑的生理发育已至顶点。这时候最适合学习和记忆有逻辑关系、有条理的内容。这个年龄段的人往往阅读和写作的能力达到了人生的一个巅峰状态，对复杂事物的总结归纳能力也越来越优秀。这时候如果能借助图像记忆的技术来辅助学习和记忆，那就是如虎添翼了。

不知道大家有没有发现一个现象：大脑的图像记忆能力似乎自幼儿园到中老年并没有发生太大的变化。其实也不完全是这样，不同的人对图像的敏感程度有很大的区别，只是受年龄的影响不是特别明显。

有些人对视觉刺激敏感，有些人对听觉刺激敏感，还有一些人对身体动作的刺激敏感。这就是为什么有些人很快就能学会一首歌却好几天也学不会一小段舞蹈，而有的人看两遍就能学会一套优美的动作而怎么也记不住一段200字的文稿。但从记忆法的角度来说，有一种能力是需要从小训练的，那就是想象力。

所谓想象力，其实就是敢于突破现实逻辑的束缚，大胆地想象一些不可能、不存在甚至不合理的东西。这些东西在现实中可能无法实现或者根本不可能实现，所以才叫想象。年龄越小，想象力越容易激发；年龄越大、思维越固化，越不容易产生丰富的想象。

所以，坚持做想象力的训练，是保持丰富的想象力的最好途径。其实，在幼年时期，人与人之间的想象力没有太大的差别，但为什么到了成年后想象力差别就那么大呢？主要原因在于使用想象力的频率不同。如果能够从小坚持通过各种途径锻炼、使用想象力，那想象力就不会衰退，还会一直保持着非常活跃的状态，成年后仍然会想象力丰富。

从小学阶段开始经常做一些想象力的训练，对后期图像记忆能力的发展也会有很大的帮助。每一个记忆大师的成功都证明了，想象力在记忆训练的过程中是多么重要!

  那究竟如何才能拥有超强的记忆力呢?不要走开,下一章将开始一步步教给大家快速记忆的奥秘。

第二章

打造超级记忆宫殿

第一节　什么是宫殿记忆法？

一、宫殿记忆法的传说

宫殿记忆法，既古老又神秘。它流传了上千年，却仍然被很多人追捧并奉为珍宝。为什么宫殿记忆法能让人在短时间内记住那么多复杂的信息？记忆大师们所采用的方法，真的就是这种古老的宫殿记忆法吗？

传说在古希腊时期，有个著名的诗人叫西摩尼德斯。有一次，一位贵族在宴请宾客时，同时邀请西摩尼德斯在宴席上吟诵一首诗，来歌颂自己的功绩与财富。可气的是，当西摩尼德斯朗诵完毕后，这位贵族却找借口对诗的内容表示不满，只付给他一半的酬劳，并让人把他赶出了宴会厅。西摩尼德斯刚刚走出宴会厅的大门，整个宴会厅的房顶突然塌了下来，那位贵族和所有的客人全部被砸死在里面。更可怕的是，所有人的尸体都被砸得血肉模糊，根本无法辨认。这叫前来认领尸体的亲人们非常为难。这时候西摩尼德斯惊喜地发现，自己能够清晰地记得每位客人在宴席上所坐的位置以及他们的服饰特点，于是凭借自己的记忆帮助人们找到了自己亲人的尸体。

这是人类历史上最早的关于宫殿记忆法的文字记载。如今，全国数千家机构、数万名从业者在全国各地普及和推广这种方法。虽然目前的记忆技术和方法较很多年前已经有了更多的发展和进步，很多更高效的方法被发明并逐渐普及，但是这些方法永远离不开一个中心技术，那就是宫殿记忆法，也就是大家经常说的"记忆宫殿"。

二、记忆宫殿的现代应用

十几年前的一部电视剧《读心神探》第一次让记忆宫殿这种方法被更多的人知道。2019年,一部很火的网络电视剧直接把石伟华老师的著作《超级记忆:破解记忆宫殿的秘密》搬上荧幕,并让其中的男主角掌握了这套非常厉害的记忆方法。

那记忆宫殿到底是什么?为什么能让人拥有超越常人的记忆能力?简单地讲,记忆宫殿就是大脑中的一个用于存放记忆信息的巨大仓库。我们以记忆扑克牌为例,向大家简单介绍一下什么是记忆宫殿。

大家都知道,扑克牌不但有点数,而且有花色,如果记忆10副扑克牌的话,同点数、同花色的牌会在整个过程中出现10次。对普通人来说,想按顺序完整地把10副打乱顺序的扑克牌记忆下来是非常难的。而记忆宫殿就很好地解决了这个问题。

第一步,我们会按照一定的规则,在大脑中建立一个记忆宫殿。当然,这个记忆宫殿并不是在记忆现场创建的,而是在平时的训练过程中一点点建造起来的。我们假定在大脑中建立一个拥有10个房间的宫殿,每个房间的布局和物品摆放等都有自己的特点。我们闭上眼睛可以清晰地区分每个房间的样子。

第二步,我们需要在每个房间里找到足够多的点,并且把这些点按顺序排列好、熟记。(一般是用26个点来记忆一副扑克牌。此方法在后面的章节中会详细介绍,在此大家先简单了解。)这样每一个房间就可用来记忆一副扑克牌了。

第三步,我们把每张扑克牌都转换成一个固定的物品(如红桃A对应的物品是一只鳄鱼),使每张扑克牌与物品之间形成一个固定的对应关系。这样52张扑克牌(在正规比赛中不使用大小王牌)就固定对应了52件物品。

第四步，我们按扑克牌的顺序，将对应物品与大脑中每个房间内找到的点依次连接起来。比如我把一只鳄鱼放到第一个房间的沙发上。这样就等于把520个图像依次摆放到大脑中的记忆宫殿的点上。

这样就完成了10副洗乱的扑克牌的记忆。我只需要在大脑中按记忆宫殿中每个房间、每个点的顺序去回忆上面摆放的是什么图像，就可以把520张扑克牌按顺序一张张地回忆出来了。当然，在具体应用的过程中，还有很多的技巧和应用细节，但它们都是在这种方法的基础上发展和演变而来的，包括用记忆宫殿来记忆古诗词，记忆考试的知识点，用的也是类似的方法。

用一句话来总结，宫殿记忆法就是把需要记忆的信息转换成图像，按顺序保存到大脑中记忆宫殿里的合适位置，然后通过图像连接技术使其能在大脑中长期保存并随时能够提取出来。

第二节 先找可用的房间,再找可用的点

一、大脑中的宫殿

通过上面的介绍,我们已经了解,如果能在大脑中打造一个清晰的、完美的、足够大的记忆宫殿,就可以将很多需要记忆的信息装进这个宫殿了。

那么,我们又该如何在大脑中打造这样的宫殿呢?

我在参加记忆大师班训练的时候,用了几个月时间才完成了几千个地点的记忆宫殿的打造。有了这几千个点,我才能在后来的各级比赛中轻松应对需要记忆的大量数字、扑克牌等信息。现在,我就把在大脑中打造这样的宫殿的方法分享给大家。在给大家讲解如何打造这样的宫殿之前,我们先来一起分析一下,记忆宫殿的本质是什么?

前文我们提到,记忆大师之所以能够记住几百张甚至上千张扑克牌的排列顺序,是因为在记忆大师的脑海中有这么多的点来存储这些图像。这些用来存储图像的点,我们称为"地点桩"或者"地址桩",很多人把它们简称为"桩"。

那桩到底是什么?在建造房屋的时候,需要打一些桩;在舞狮表演的时候,也需要打一些桩。其实仔细一想,这些"桩"的功能就是承载上面的物体或者人。这和我们脑海中的桩其实是一样的用途。脑海中的桩,作用就是承载保存在上面的图像,让图像在大脑中有一个固定的位置,能够牢固地待在一个地方而不至于丢失。这就是"桩"存在的意义。

明白了地点桩的真实意义,再来理解记忆宫殿就简单多了。一个个的地点

桩组成了风格、内容、大小不同的房间，而一个个不同的房间又组成了一套非常庞大的地点桩群。把这些在头脑中有组织、有分类、有区别的成千上万个地点桩、房间、房间与房间之间的关系抽象出来，就形成了一座虚拟的宫殿。这就是所谓的记忆宫殿了。理解了记忆宫殿的本质，我们就可以来一点点在大脑中建造属于自己的记忆宫殿了。

二、建造自己的记忆宫殿

1.找到那些可用的房间

什么是可用的房间？难道还有不可用的房间吗？

其实所谓在大脑中打造记忆宫殿，就是把很多房间的布置、物品全部记到脑海中。这就带来一个问题，如果很多的房间布局都一样，就会给记忆带来很大难度。我们在大部分情况下是无法分清这些相似房间之间的区别的。

这就像一家酒店的某一层有50个装修得一模一样的房间，如果不注意门牌号，即使走错房间也很难察觉。如果我们大脑中的记忆宫殿打造得像酒店那样，那在记忆的时候就难免会出现混乱了。

因此，与已经存在的房间相似度很高的房间就是"不可用的房间"。在寻找可用房间的时候，房间越是有特点，越是有自己的风格，与其他房间的区别越大，就越适用于保存和记忆。

最简单也最适合初学者的"可用房间"，就是自己的家。一般的家庭住房由客厅、餐厅、厨房、卫生间、书房、卧室和阳台组成。就算家里有2~3个卧室，一般情况下房间的装修风格和室内布局也会有很大的区别。所以，自己的家是最适合初学者用作记忆宫殿的。但是由于自己家的房间数量有限，所以能够找到的可用的地点桩也有限，这就需要我们去找类似的更多的房间。比如自己最熟悉的亲人的家、好朋友的家，或者自己的办公室、常去的一些公共场所等。这些都可用来在大脑中打造记忆宫殿。

2.从房间里找到可用的点

确定了可用的房间以后，下一步就是在房间里找可用的点了。同样的道理，并不是房间里的每一个物品都可以用来当作地点桩的。

第三节 静止原则与统一原则

哪些物品可用？哪些物品不可用呢？我们一般要遵循这样的两个原则：

一、静止原则

房间里有很多的家具、摆设、杂物等。我们一般只找那些固定不动的物品来当作地点桩。例如：

家具：床、橱柜、桌子等。

大型电器：电视、洗衣机、冰箱、空调等。

固定位置的摆设：大型绿植、健身器材、大型的玩具、玩偶等。

装饰及特殊物品：马桶、盥洗台、墙灯、壁画、门、窗、窗帘等。

经常搬动的桌椅、经常更换位置的花等，因为位置经常变动，会对大脑中已经形成的记忆内容产生干扰，所以不适合用作地点桩。

家里到处跑的宠物不能作为地点桩。像小狗、小猫这样的动物，因为会在家里来回走动，所以不能作为地点桩。如果家里有鱼缸、鸟笼或者其他位置固定的带有容器的宠物，是可以用来作地点桩的。

墙壁、地板、天花板一般不用来作地点桩。因为它们没有明显的颜色、形状特点，在记忆的时候很难在大脑中形成鲜明的图像。

二、统一原则

何为统一原则？统一主要是指大小统一、位置统一、方向统一。

大小统一，是指在一个房间内找地点桩的时候，尽可能找大小差不多的物品。比如家具、电器或者相对比较大的摆设。特别小的物品一般也不作为地点桩来用，比如墙壁上的插座、开关、桌面、橱柜上摆放的小物品等。因为这些小物品和其他的物品相比体型相差太大了，在记忆的过程中会引发很强烈的不协调感。

位置统一，是指在房间内找地点桩的时候，尽可能找那些在我们平视范围内能看到的物品。位置太高的物品尽可能不用，如天花板上的灯；位置太低的物品也尽量避开不用，如地板上的地毯等。

方向统一，是指在房间内找地点桩的时候，尽可能按照一个方向来形成一定的顺序。比如，可以按照从门口开始沿左侧（或者右侧）一直前进的方向来找地点桩，也可以按照站立在房间的某个位置环视一周的顺序来找。总之有一个统一的顺序习惯，这样方便记忆。

除了这三个原则，还有一些需要注意的内容。

在房间内选择可用的地点桩的时候，还要尽可能避免跳跃性。什么是跳跃性？就是连接多个地点桩的路径最好是曲线，折线、弧线也可以，但不要形成波浪线，否则会增加记忆的难度。当然，按顺序找出来的地点桩的连线如果出现交叉就更不允许了。

两个地点桩之间的距离也应尽可能适中，不要离得太远，否则在大脑中跳跃性过大，可能会影响记忆的效率。但是也尽量避免多个地点桩挤在一个位置，以免后期记忆的时候，上面的图像出现混淆。

当房间很多，地点桩也越来越多的时候，如何才能方便我们记忆呢？

一般情况下，可以在每个房间里找10个地点桩，这是最方便记忆的模式。如果房间比较大，房间里的物品特别多，那么可以找20个。一般不建议超过20个点，否则在大脑中回忆和使用的时候，会因为数量太多影响图像联结的速度。

可能有些朋友还有个疑问：每个房间只找20个点，记忆大师大脑中成百上千的地点桩是从哪里找到的呢？

是的。如果仅是从自己家或者亲戚朋友家里找地点桩，肯定不可能找到上千个地点桩。所以，我们要扩大找地点桩的范围。除了在真实的房间里找可用的地点桩，还可以到室外去找，比如广场、公园、风景区。只要是能找到有特点的标志物的场所，都可以用来作地点桩。

在室内找地点桩的时候，两个地点桩之间的距离通常为0.5~2米；而在室外找地点桩的时候，两个地点桩之间的距离可能是10米、30米，甚至上百米。这个时候，我们的大脑可以对相距较远的两个地点进行加工，通过想象缩短距离，将它们加工成距离适中的一组地点。如果室外的地点相似，比如公园里的垃圾桶有些是一样的，但是选取地点的时候，垃圾桶的位置又是比较适合的，那么为了和前面的垃圾桶区分开，我们可以对其进行替换。比如，你可以想象一个沙发摆放在这里，或者将其替换成你喜欢的其他物品、独特的物品。这是地点桩加工的技巧，合理应用可以提高宫殿打造的成功率。

地点桩能不能用，适合不适合用，有一个简单的检验标准：按顺序回忆的时候，能够按照节奏顺畅地回忆每一个地点桩的图像。只要能做到这一点，就说明这些地点桩是可行的、可用的。

第四节　扩展记忆宫殿的房间数：虚拟房间

每个人实际到过的地方，特别是熟悉的房间或场景是有限的，大部分人能够熟悉的场景无非自己家、父母家、子女家、亲戚朋友家，再加上办公室、学校、单位以及自己常去的一些地方。但这远远不能满足我们要在头脑中建造几百个、上千个地点桩的需要。那怎么办？是不是需要我们没事就跑到别人家去走访，以熟悉更多的房间或场景呢？

我建议大家不要这样做，否则别人会怀疑你是不是精神出问题了。你可以想象一下，你跑到别人的家里，在各个房间转来转去，还要刻意地去记忆别人家里的房间布局。这全然不是一个正常人的行为模式。那有什么好办法可以帮我们快速扩建头脑中的记忆宫殿呢？其实方法非常简单：虚拟房间。

一、打破现实的边界

除了实景的地点桩，我们还可以从虚拟的场景中找地点桩。比如，我们可以从一些房间的照片、图画、视频中找地点桩。如此一来，地点桩的累积速度就快多了。

比如，从上面的一张照片中，我们可以轻松地找到10个地点桩。

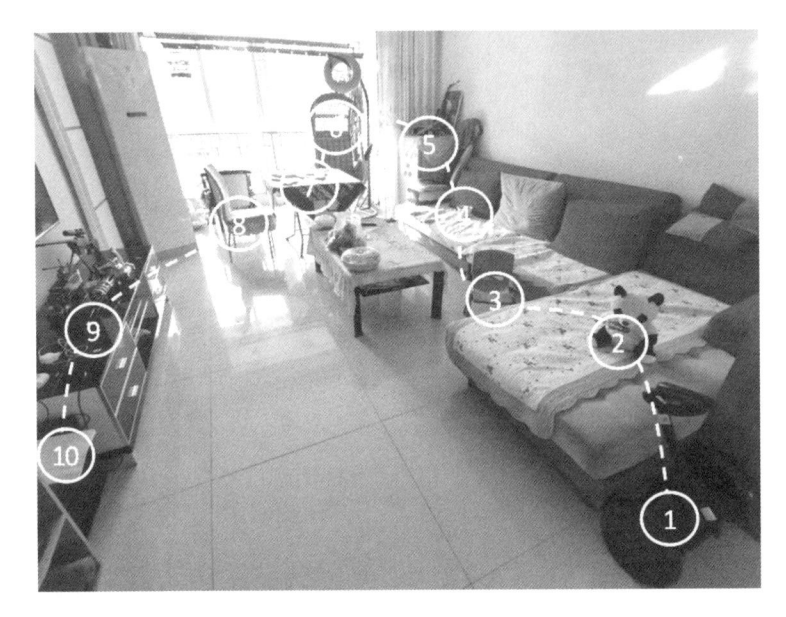

虽然图片中的这个房间我们没有去过，甚至是现实中不存在的，但是这并不影响我们在大脑中构建一个这样的房间。通过视觉的刺激和自己的想象，我们与

房间建立联系，这与我们实际置身于这样的房间并没有太大的区别。使用这样的虚拟房间还有一个很大的好处，那就是可以使用场景中的任意物品来作地点桩。

前文曾经提过，家里的小狗、小猫这样的小动物是不能作为地点桩的，因为它们在家里的位置不固定，总是跑来跑去。但是如果在虚拟的场景中有类似的小动物，就可以作为地点桩来使用了。为什么呢？因为在脑海中这一场景已经固定了，不管场景中的内容是小动物，还是满地的儿童玩具，其位置都已经被图片固定下来。不管是在图片上还是在我们的大脑中，它们的位置再也不会改变了。所以，它们就理所当然地变成了固定的物品。

此外，在这种虚拟的场景中找地点桩，比我们在现实的场景中找地点桩限制少得多。在现实中，地板上、天花板上的物品我们一般是不用的，因为在快速回忆的时候视线来回变动会导致卡顿。但是在这样的虚拟场景中，这类物品都可以大胆地使用，因为我们的视线可以非常流畅地在画面上来回移动。

大家可以闭上眼睛尝试一下。当我们回忆一组在现实场景中找到的地点桩时，我们的思维是在一个立体的空间里移动的；而当我们回忆一组在虚拟的场景中找到的地点桩时，我们的思维是在一个"半立体"的空间里移动的。

什么是"半立体"？一方面，我们找到的每一个地点桩都是立体的。当然，这种立体感是通过大脑的想象产生的。比如，上图中的桌子虽然在照片上是平面的，但我们通过想象能够在脑海中创造一个立体的桌子形象。其他的每一个地点桩的形象也是如此。另一方面，当我们把这些地点桩连成一条曲线，在头脑中快速地回忆的时候，整个房间的立体感就没有现实中场景的立体感真实了，感觉像是在一张纸上画了一条曲线。

但是没有关系，大家也不用担心。这些并不影响我们应用这些地点桩构建大脑中的记忆宫殿。我们仅是借助照片的风格特点来记忆每个地点桩的顺序，只要能做到这一点就达到我们的目的了。

虚拟地点桩还有一个很大的优势，那就是无限扩充。

为什么说可以无限扩充呢？因为这些场景要么是假的，要么是我们从网络上搜索出来的，要么是别人拍了照片送给我们的。只要我们有需要，很轻松就可以找到很多，一百张、一千张也不过是时间问题。只要我们愿意，就可以一直找下去，不断扩大自己脑海中的记忆宫殿。

当然，当房间越来越多的时候，也会伴随产生一系列的问题。比如相似的地点会越来越多。每个房间里都有床、窗户、桌子，如何保证不发生混淆呢？怎么管理房间在脑海中的排列顺序呢？

不要着急，我将在后面为大家进行详细的解答。现在我们先来看一下虚拟场景的另一个好处——

二、打破房间的边界

一个房间有多大呢？它有屋顶吗？它四周有墙壁吗？在脑海中，房间的概念可以很大。室外的足球场可以是头脑中的一个房间，小区旁边的公园可以是头脑中的一个房间，偌大的北京城可以是头脑中的一个房间，浩瀚的太阳系仍然可以是头脑中的一个房间。只要我们能从这些虚拟、夸张的房间里找到有区别的、可以用来作地点桩的点就可以了。

一旦接受了这样的观点，掌握了这样的技巧，那再想扩大头脑中的记忆宫殿就变得轻而易举了。比如，我们可以从《星球大战》中找到10张或者更多有代表性的场景，从每个场景中找到10个地点桩，就有了100个《星球大战》的地点桩。再从《哆啦A梦》中找到10个可用的场景，就有了100个《哆啦A梦》的地点桩。同样，从《变形金刚》《复仇者联盟》《喜羊羊与灰太狼》等任何你喜欢的电影、电视剧、动画作品里，都可以找到很多场景，用来丰富你大脑中的记忆宫殿。

我们再把脑洞开得大一些，除了影视作品，还有什么可以用作地点桩呢？

电子游戏的场景可以吗？当然可以。各类新闻上的照片可以吗？也可以。但是，这里必须提醒一下大家，并不是每张照片或者每张剧照都能用来作虚拟的场景。我们判定它能不能用的原则就是：能否从上面找到10个左右的有明显特征的标志物作为地点桩。如果只能找到三五个，建议暂时不要考虑；如果能轻松找到10个以上，那就没问题了。

比如下面的这些图，虽然非常漂亮，却不适合作为虚拟的场景来用。因为从上面很难找到5个以上的标志物。

所以大家在找虚拟场景的时候,一定不要贪图漂亮或者喜欢。漂亮或者喜欢的图片可以作为电脑的桌面,却不能用来打造大脑中的记忆宫殿。当然,如果有既漂亮又适合作为地点桩的图片,那就是"鱼和熊掌可以兼得"了。

第三章

各种实用的记忆方法

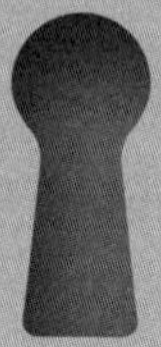

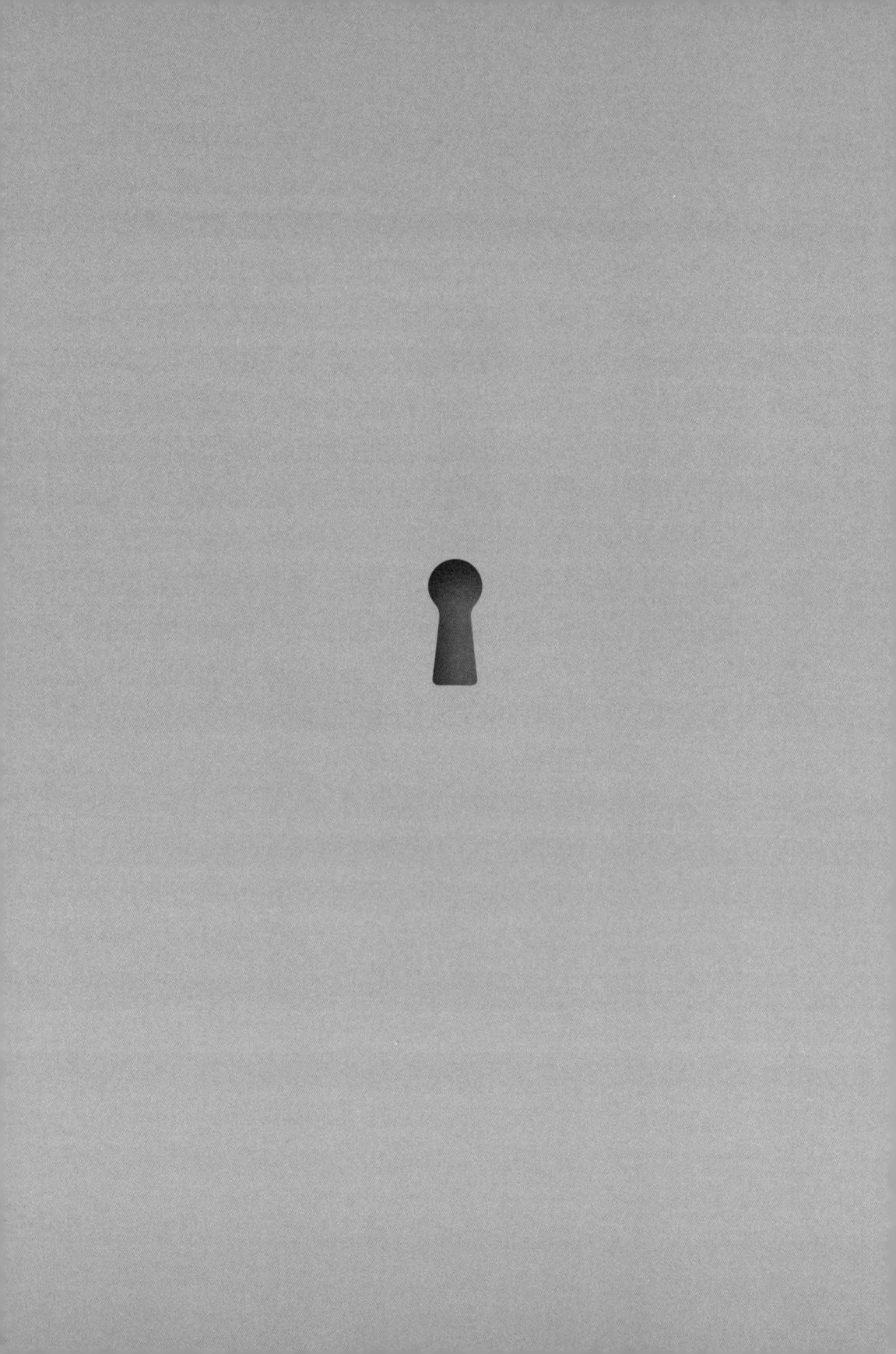

在上一章中，我们主要了解了有关记忆宫殿的概念，以及如何在自己的大脑中创建记忆宫殿。这一章，我们就来介绍如何把想存储的各种信息转换成图像，并保存到大脑中。

在第一章中我们介绍过，人类大脑的几种记忆模式中，相对而言图像记忆是记忆速度较快且记忆效果较好的。当然，如果在运用图像记忆的同时再配合声音记忆、逻辑记忆、情绪和体感记忆等，效果就更好了。

那么在面对具体的文字信息时，我们应该如何做呢？

接下来我们介绍的几种方法都是经过验证的简单、易学、效果好的方法。

第一节　串联联想

串联联想，就是通过想象，让图像与图像之间产生联结。在进行串联联想的时候，要注意三点。

一、图像

联想出来的关系必须是以图像的形式出现的，这一点很重要。也就是说，两个图像之间产生联系的形式是可见的，而不是抽象的。比如，"手机"和"苹果"进行串联，我们可以想象用手机去拍苹果、用手机托着苹果、从手机里掉出来一个苹果等，这些都可以。但是如果联想出来的图像是"我的手机是苹果牌的"，这就不是特别好。因为这种联想的结果图像只有一个，那就是

"手机"的图像，而苹果的图像几乎看不到。

二、奇特

联想出来的图像越奇特，记忆就会越深刻。我们还是以刚才的苹果和手机为例来说明。如果我们联想出来的图像是手机旁边放着一个苹果，或者手机上放着一个苹果，这样可不可以呢？当然可以，但是这样的图像很难令人印象深刻。因为对于我们的大脑来讲，越是新奇的、不常见的、不合逻辑的事情越刺激，越能留下深刻的印象。

这就好比我们穿行在人来人往的大街上，可能会有成百上千的人从我们的眼前走过或与我们擦肩而过。等回到家里，你还记得路上遇到的人都长什么样子吗？估计都没有什么印象了，除非碰上了熟人。但是如果在这匆匆而过的成百上千人中，突然出现一个长着两个脑袋的人，可能你这辈子也忘不了。为什么你会对这个双头人印象深刻呢？因为这是新奇的、不常见的，违背了现实逻辑的。

同样的道理，当我们通过想象让两个图像发生关系的时候，图像越新奇、越有趣甚至奇怪，留下的印象就越深刻。

现在我们回到苹果和手机的例子。只是在手机上放一个苹果或者在手机旁边放一个苹果，这种画面在生活中太常见了，根本没有什么新意，所以很难在脑海中留下深刻的印象。即使说"我记住这个画面了呀"，但不能保证一天、一周甚至更长时间以后，还能回忆起这个画面。

如果我们联想的画面是用手机拍一个苹果，苹果被拍得稀烂，苹果汁也溅得到处都是，印象是不是就深刻得多啊？如果想象再夸张一些，在用手机拍苹果的时候，苹果完好无损，手机却碎成好几块，屏幕、后盖、电路板和电子元件散落得到处都是，有的还扎到了苹果里面。这样的画面是不是令你印象更深刻一些呢？

三、避免图像合二为一

尽可能不要用合二为一的图像关系。什么是合二为一的图像关系？就像前面提到的"我的手机是苹果牌的"，这就是合二为一的图像关系。再如"手机屏幕上显示着一个苹果"，这也是合二为一的图像。使用这样的图像时，大脑中立体的图像只有一个"手机"，而另一个图像"苹果"仅是手机上的一个标志、一个符号。如此一来，大脑中留下深刻印象的图像只有一个"手机"，在后期回忆的时候，很难回忆起第二个图像是什么。

更不建议使用的是"想、变、叫"这类的想象。

比如，当串联"小狗"和"苹果"的时候，有些人喜欢用"小狗想吃苹果"的想象，其实这是个很不真实的图像。如果图像是"一只小狗在吃苹果"，这样的图像在脑海中还算是清晰的。但"小狗想吃苹果"这样的图像就有些抽象了。"想"这个动作本身就是一个抽象的动作，不建议在图像串联的时候使用。

还有些人会想象"小狗的名字叫苹果"，这更是合二为一了。试想，在后期回忆的时候，脑海中是不是只有一只小狗的图像？我们担心的并不是回忆不出小狗的名字叫什么，而是回忆不出当时这只小狗做了什么，因为它根本什么也没做，你只是给它取了个名字。所以这样的联想很容易遗忘。

还有些人喜欢用"变"，如"一只小狗变成了一个苹果"。这种联想非常容易发生混淆，因为这个变的过程太抽象了。如果你说一只知了猴（蝉的幼虫）变成了一只知了，这个变的过程是可见的，是生动形象的，留下的记忆是深刻的。但是小狗怎么变成苹果呢？很难想象出来，就算我们可以违背现实的逻辑，也不好想象出变的具体过程，只能想象"一瞬间就变了"，而这个所谓的"一瞬间"其实是不存在的，因此在脑海中留不下任何的图像。所以这样的联想也是会经常遗忘的。

第二节 挂钩记忆法

挂钩记忆法简单讲就是将一个知识点或者一条信息中的两个或多个关键信息分别转换成图像，并进行图像联结，达到记忆的目的。

我们先通过一个简单的例子来感觉一下挂钩记忆法。

例：中国最早的纸币是交子。

这个知识点中需要记忆的核心知识点是后面的两个字"交子"。不管是以填空题还是选择题的形式出现，我们都需要准确地知道其答案是"交子"。

对于这样的单一答案的知识点，就可以使用挂钩记忆法。

第一步，把答案转换成一个图像。"交子"可以按发音相似的原则转换成另一个词语"饺子"，这也就是我们常说的谐音法。这样做的目的就是把一个抽象的、不便于记忆的词语转换成一个形象的、便于记忆的词语。经过这样的转换，一个饺子或者一盘饺子的形象就在脑海中形成了。

第二步，将题干部分也转换成图像。这很简单，由"纸币"直接想象出一张纸币的样子就可以了。想象的具体形象根据自己的思维习惯来定，只要能在脑海中想象出纸币的样子就可以了。

第三步，对题干的图像"纸币"和答案的图像"饺子"进行串联联想。

前面我们了解了有关串联联想的注意事项，在此可以依据这些注意事项想象出多个有关系的画面。

用纸币当盘子托着好多的饺子。

用纸币切开一个饺子。

纸币上冒出来一个饺子。

从饺子里抽出来一张纸币。

不知道你喜欢哪一种想象呢？在图像记忆中，图像的想象组合模式没有对错之分。适合自己的就是最好的，能帮你记住的就是正确的。

所以，不管你采用了上面的哪个想象，或者你有更好玩、更有趣、更新奇的图像联想模式都可以，只要在看到下面题目的时候，你能回忆出自己想象的那个画面。

中国最早的纸币是（　　　）。

当看到上面的题目时，我们的大脑中产生的第一个画面是"纸币"。这时候就在大脑中搜索曾经与"纸币"发生关系的画面。你还能记得与纸币发生关系的是"饺子"吗？只要你还能回忆出与之相关的图像主体是"饺子"，这就可以了。

我们的目的也是如此。只要准确回忆出了"饺子"的图像，我们就可以根据"饺子"的谐音回忆出这个题目的答案——"交子"。

我们再来看两个类似的例子。

世界上最长的裂谷是（东非大裂谷）。

最早懂得人工取火的是（山顶洞人）。

记忆方法和步骤前文中已经进行了详细的讲解，这里直接给出记忆方案。

有一条很长很长的裂谷，有一个大冬瓜在里面飞。（"东非"谐音为"冬飞"。）

山顶有一个山洞（山顶洞），里面有一群人正在钻木取火，瞬间火光冲天。

练习：大家按照同样的方法尝试记忆下面的常识吧。

世界陆地的最高峰是（　　　）。

世界陆地的最低点是（　　　）。

世界上唯一没有海岸的海是（　　　）。

中国历史上的第一本农书是（　　　）。

第三节　歌诀法

顾名思义，歌诀法就是通过一些歌谣或者口诀来记忆知识点的方法。比如，想快速记忆中国历史朝代的顺序，就可以用下面的一首诗来记忆：夏商与西周，东周分两段。春秋和战国，一统秦两汉。三分魏蜀吴，两晋前后延。南北朝并立，隋唐五代传。宋元明清后，皇朝至此完。

我想大家很容易看懂这首长诗与中国历史朝代之间的关系，实在不懂的可以参考下表。

诗歌	对应朝代及说明
夏商与西周	夏朝、商朝、周朝（西周）
东周分两段	东周（春秋、战国）
春秋和战国	春秋、战国
一统秦两汉	秦朝、汉朝（西汉、东汉）
三分魏蜀吴	三国（魏、蜀、吴）
两晋前后延	晋朝（西晋、东晋）
南北朝并立	南朝、北朝
隋唐五代传	隋朝、唐朝、五代
宋元明清后	宋朝、元朝、明朝、清朝
皇朝至此完	封建王朝结束

看到这里，我想肯定有不少的朋友有个疑问："背下这首长诗也要很长时间啊？"是的，我上学的时候就死记硬背过这首长诗，直到现在还能不假思索

地脱口而出，就是因为当年不知道背了多少遍。

有没有更好的办法把这首长诗记下来呢？其实方法很简单，就是把诗中的内容转换成图像。

形成图像的具体方法在后面的章节中会有相关的介绍，这里我们直接给出一段转换好的图像供大家参考。

有一个盲人商人（夏商）不小心踩到了一碗稀粥（西周）。天太冷，粥都冻了（东周），于是裂成了两半（分两段）。一半留给自己（春秋）吃，一半作为战利品（"战国"谐音为"战果"）送给皇帝。皇帝很开心，赏赐他一大桶芹菜（一统秦），并让两个大汉帮忙抬走（两汉）。回家后，他把芹菜分成三份（三分），送给三个邻居（魏蜀吴），自己剩下两斤（两晋）种在了前后屋檐下（前后延）。南面和北面凡是朝阳的地方都一对一对地并排着长高（南北朝并立），于是从水塘（隋唐）里装了五袋（五代）水来浇灌它们。芹菜丰收了，把它们送给远方有名的亲戚（"宋元明清"谐音为"送远名亲"）。后来听说皇帝死了（皇朝至此完）。

可能你会觉得这个故事太荒谬了，而且根本没有新意，记不下来。没关系，这里只是给大家提供一种思路。有了这种思路，你可以尽情地发挥自己的想象力，想象出更多更有趣的画面，来帮助你记下这首历史朝代歌。

当然，除了上面的助记小长诗，网上还有很多其他的版本，也可以帮助大家记住中国历史朝代的顺序。比如：唐尧虞舜夏商周，春秋战国乱悠悠；秦汉三国晋统一，南朝北朝是对头；隋唐五代又十国，宋元明清帝王休。

还有一个版本，虽不押韵，但是也有很多人觉得不错，一并提供给大家作参考：瞎商周春秋，站在琴上，七洞汗衫，七洞见男背，睡躺无聊，背诵经文，难诵完，明天醒面肿！

这段助记词还配有一段设计好的现成的图像：一个瞎眼的商人叫周春秋。

有一天，他站到家里的一台钢琴上。周春秋穿着一件有七个洞的汗衫，从七个洞里可以看见他的背，由此可知他是个男人（因为是见男背）。周春秋想睡，但躺着又觉得无聊，就开始背诵经文，但经文很难诵读完。第二天当他醒来后，家人发现他的面肿了，因为昨天他在钢琴上睡着了，半夜摔了下来。

以下是谐音字词和朝代的对应关系：瞎—夏朝，商—商朝，周—周朝，春秋—春秋时期，站—战国时期，琴—秦朝，七—西，洞—东，汗—汉，七洞汗—西汉、东汉，衫—三国时期，见—晋朝，七洞见—西晋、东晋，男背—南北朝，睡—隋朝，躺—唐朝，无—五代十国，聊—辽国，背诵—北宋，经—金国，难诵—南宋，完—元朝，明—明朝，醒—清朝，面—民国，肿—中华人民共和国。

歌诀法在日常生活中用处非常大，比如《二十四节气歌》：春雨惊春清谷天，夏满芒夏暑相连。秋处露秋寒霜降，冬雪雪冬小大寒。

歌诀法是最常见的一种助记方法，我们日常生活中总结出来的很多顺口溜都是利用这种方法来帮助记忆的。

在学科知识的记忆中，我们也可以巧妙地利用这种方法来帮助记忆各种零散的知识点。除了借鉴别人已经设计好的助记词，我们也可以自己根据内容来设计助记词。刚刚开始自己设计的时候，可能会有一些难度。设计多了，慢慢就能摸到一些规律了。

> **练习：大家按照同样的方法尝试记忆下面的常识吧。**

我国的14个沿海开放城市是：大连、秦皇岛、天津、烟台、青岛、连云港、南通、上海、宁波、温州、福州、广州、湛江、北海。

第四节 简化法

简化法,也可称为"关键字法",就是把需要记忆的内容简化为关键的几个字,来实现快速记忆。

比如最常见的,出门必带四件宝物:身份证、手机、钥匙、钱包。可以简化为四个字:身、手、钥、钱。再通过谐音转换为:伸手要钱。这样就可以非常方便、快速地把这四样东西按顺序记下来了。

同样的道理,再复杂一些的信息也可以利用这种方法来记忆。比如要求按顺序记忆下面的词语:白纸、日历、衣服、山坡、金子、黄瓜、河马、入口、海滩、榴梿。

看到这样的词语,很多人可能首先想到的就是"串联联想"(多词语的串联方法在后面的章节还会进行专门的讲解),但如果你仔细观察,会发现有更容易记忆的技巧。

仔细看,上面10个词语的首字连起来就是:白日衣山金,黄河入海榴。只要连起来读一遍,你就明白了,这就是那句人人熟知的古诗"白日依山尽,黄河入海流"。只要你还记得这两句诗,那这10个词语的顺序就很自然地记住了。

可能有些朋友会反驳:"你这是硬凑了10个词语,现实中哪有如此巧合的事情?"

是的,这只是为了给大家说明方法,所以举了一个非常特别的例子。但是现实中并不是没有这样的例子,只要善于观察,并且习惯于从没有规律的信息中找规律,你就会发现,很多信息中都可以找到能够帮助记忆的关键字。

比如，我们要记忆古诗《江雪》：千山鸟飞绝，万径人踪灭。孤舟蓑笠翁，独钓寒江雪。

对于这种诗，一般情况下，我们只需要读几遍就可以记住了，但是谁也不能保证记住后不会忘。由于我们记这种类型的古诗大都采用声音记忆的模式，所以即使忘了，只要提醒一个字就可以记起一个短句。因此，我们就把用于提醒的四个关键字提出来，帮助我们记忆和回忆。

这四句诗中打头的字分别是千、万、孤、独。所以，我们只需要记住这个很奇怪的词语"千万孤独"，就可以把这四句诗熟记于心。这种简化法可以用在很多地方。在后面的章节中，我们还会讲到如何把这种方法和其他方法结合起来，轻松搞定各种问答题、长文的记忆。

> **练习**：大家按照同样的方法尝试记忆金庸的14部经典作品名称吧。

《飞狐外传》《雪山飞狐》《连城诀》《天龙八部》

《射雕英雄传》《白马啸西风》《鹿鼎记》

《笑傲江湖》《书剑恩仇录》《神雕侠侣》《侠客行》

《倚天屠龙记》《碧血剑》《鸳鸯刀》

第五节　图像记忆法

这种叫法不是特别贴切，但我实在不知道用什么来形容更好。其实叫什么名字没有关系，理解这种方法的原理和用法，用这种方法帮助我们记忆相关的知识，才是最终目的。

前面我们讲了"串联联想"的方法，主要针对如何串联两个图像进行了详细的说明。但是当我们需要串联的图像不止两个的时候，串联的难度就会增加很多，而且串联的技巧也有些不一样。

大家来看这个例子，按顺序记忆下列词语：电脑、窗帘、铅笔、火箭、猴子、项链、西瓜、消失、太空、东非大裂谷、玫瑰、碗、日期、李白、课本、魔方、大海、书架、玩具、虚假。

多个词语的串联和两个词语的串联原理上没有太大的区别，只是在串联的时候，需要将图像构建得更丰富一些。另外，在串联多个词语的时候，要更加注重图像的主动和被动顺序，这样才能保证最后准确回忆词语的排列顺序。

比如，要求记忆"小明、苹果、课本"三个词语。很多人在进行串联联想的时候会这样处理："小明一手拿着苹果，一手拿着课本。"

这样的串联联想看上去没有什么问题，在大脑中也可以形成对应的图像，似乎是很准确地记住了这三个词语。但实际上在后期回忆的时候，很容易把"苹果"和"课本"的顺序搞错了。时间长了以后，可能就记不清是"苹果"在前还是"课本"在前。

那应该如何处理这样的图像才能保证顺序不会错呢？这就是我刚才提到

的，串联时要特别强调每个图像的主动性和被动性。

比如，小明抓起一个苹果就砸向了课本。

上面的串联联想是一个连贯且有明显先后顺序的图像。"小明抓起苹果砸向了课本"，这个场景中有一个很容易记住的逻辑顺序：小明必须先拿起苹果，才能用苹果去砸课本。这样在后期回忆的时候，就能非常准确地记住前后的顺序。

有些朋友可能会问："那回忆的时候会不会记成小明拿起课本呢？"这个一般不会，因为这是一个动态的图像，它跟前面我们记的"小明一手拿着苹果，一手拿着课本"是不一样的。两手同时拿着两样东西，我们只能清晰地回忆出这两样东西是什么，但谁在先、谁在后，在构建图像的时候就没有分清楚，所以在后期回忆的时候也会很容易出错。

当然，并不是一定会出错，也有很多朋友可以分清。这是因为在构建图像的同时，会不经意间附加声音记忆在里面，正是这个不太被我们关注的声音记忆起到了帮助记忆先后顺序的作用。

但是，如果我们在最初构建图像的时候，就通过一定的图像主动、被动关系来将先后顺序区分开来，就不用担心后期出现混淆的情况了。

"小明抓起苹果"，小明为主动、苹果为被动。主动为先、被动为后。

"用苹果砸课本"，苹果为主动、课本为被动。苹果为先、课本为后。

大家不难发现，在多个词语串联的时候，很多图像是先作为被动图像出现，再变成主动图像，并对后面的一个图像产生作用，然后不断地重复这个过程。

我们来尝试用上面的方法，对前面题目中要求记忆的词语逐个进行串联联想：电脑（屏幕）上挂着窗帘，从窗帘上掉下来一支大铅笔，铅笔扎到了火箭上，火箭飞起来撞到了猴子，猴子抓起一根项链就把西瓜劈成了两半。

前面我们串联的图像都是些看得见、摸得着的东西。指代这些东西的词称为"形象词"。

所谓形象词，就是在看到这个词语的同时，大脑中自然出现一个与之对应的图像。比如，尽管每个人脑海中铅笔的形象千差万别，但是当看到"铅笔"这个词时，都可以在瞬间形成一个能代表铅笔的图像。形象词一般是名词，而且指代的是实物。个别非常容易出图的动词也可以作为形象词来用，比如"哭、跑、跳、吃"等图像特别清晰的动词。

与形象词相对应的是"抽象词"。比如前文例子中的"消失"这个词。虽然它也可以在大脑中形成一个模糊的图像，但是这样的图像是不稳定的，或者不够具体。"消失"并不能形成一个独立而清楚的图像，所以它属于"抽象词"。

在前文的例子中，"日期、虚假"等也属于抽象词。其实我们在使用语言的过程中，大部分的词语是抽象词，比如这句话中的"其实、使用、语言、过程"都是抽象词，"在、中、的、是"等也属于抽象词。

如果在记忆的时候，必须按顺序记忆此类词语，最好的方法就是使用谐音法将抽象词转换为形象词。

一、抽象词转化：谐音法

谐音法，就是将一个词语按照发音相似的原则转化成另一个词语的方法。

比如，"词语、次于、赐予、雌鱼、此语"等词语的发音接近，表达的意义却不同。谐音法通常是把一个抽象词按照它的发音，转化成另一个与之发音相似的形象词。比如，"词语"如果通过谐音法转化成"次于"，就没有意义了。因为"次于"也是一个抽象词，仍然不能快速地在脑海中形成具体的图像。

我们转化的目的是把抽象词变成一个能够快速形成图像的形象词。比如，我们把"词语"转化成"瓷鱼"，很快脑海中就出现了一条"瓷的鱼"的形象。这就是谐音转换的最终目的。

虽然在大部分的词典中根本找不到"瓷鱼"这个词语，但是看到这两个字的时候，大脑能瞬间形成一个具体的画面，这就达到我们的转化目的了。至于这个词语是不是一个正规的词语，是不是符合汉语的语法，是不是符合生活中的常识，这些都不用在意。我们的目的是借助图像来帮助记忆，只要图像形象、生动、好记就可以了。

理解了"谐音法"的用途，我们再来看这个题目中的几个抽象词如何转换。

如何将"消失"转换为一个形象词呢？我们先把与它发音相似的词都列出来。比如"小时、小事、小诗、消食、小试、小石、校史、小市、小狮"等。大家在做谐音转换的时候，可能会感觉自己的联想力不够，没有能力联想到这么多的同音词，那么在这里我教给大家一个诀窍。

大家只需要打开电脑或者手机的拼音输入法，输入"消失"的拼音"xiaoshi"，拼音输入法就能帮我们找出所有发这个音的词语了。当然，如果自己的大脑够用，还是不建议大家采用这种方式。因为大脑是越用越聪明，如果你总是在类似的情况下借助机器和软件来代替大脑思考，那大脑就会变得越来越懒。

回到"小时、小事、小诗、消食、小试、小石、校史、小市、小狮"这些词语，你可能会觉得，这些词都不是很满意，那么还有没有更形象、更生动的词语呢？

当然有，不过这时候最好的办法就是造词了。

什么是造词？就是某些词语在标准的汉语中没有，但是我们可以临时造出来。只要我们自己的大脑能清晰地记得这个词语的图像和意思，并能回忆起原本的词语，那照样可以使用。

造词的时候，一般是把两个字分别谐音。

"消"可以谐音为"xiāo，xiáo，xiǎo，xiào"。

同样，"失"可以谐音为"shī，shí，shǐ，shì"。

这样就可以组合出很多的声调组合了，然后从中挑一个自己喜欢的即可。比如，我们挑选"xiāoshí"，即"削石"，也就是拿刀削石头的意思。这时候一个非常形象的图像就在脑海中形成了。也可以选择"xiàoshí"，即"笑石"——一块会笑的石头，图像也很生动。

"日期"又该如何转换呢？当然也可以继续用前面所说的谐音造词的方法。但是还有一种比较方便的方法也可以完成部分词语的转换。这种方法称为"代替法"。

二、抽象词转化：代替法

所谓代替法，就是根据词语本身的意思，用一件物品或者一个场景来代替词语本身。比如，当我们看到"日期"的时候，最容易想到的物品是日历、月历、台历、万年历这样的东西。这时候我们就用"台历"这件最常见的物品来代表"日期"。

与此类似，我们可以用法官审判时的法槌来代表"公正"，用天平来代表"公平"，用大炮来代表"战争"，用人民币来代表"经济"等。这些都是代替法的例子。

那么问题来了，当我们需要对一个抽象词进行转换的时候，究竟应该用"谐音法"还是"代替法"呢？

答案是：随便。

我的习惯是哪个先在脑海中形成答案，就用哪个。因为最先形成的那个答案，就是自己最熟悉的答案。自己熟悉的内容当然会记得更清楚，记的时间更长，更不容易忘记。

掌握了抽象词的转换技巧之后，让我们回到前文串联的词和故事：电脑、窗帘、铅笔、火箭、猴子、项链、西瓜、消失、太空、东非大裂谷、玫瑰、碗、日期、李白、课本、魔方、大海、书架、玩具、虚假。电脑（屏幕）上挂着窗帘，从窗帘上掉下来一支大铅笔，铅笔扎到了火箭上，火箭飞起来撞到了猴子，猴子抓起一根项链就把西瓜劈成了两半。拿起其中的一半西瓜去削一块石头。石头飞向了太空，太空中出现了一个大冬瓜向一个裂谷飞去（"东非大裂谷"）。裂谷中长满了玫瑰花。摘了好多的玫瑰，装到碗里，在上面盖上台历。台历上站着李白，拿着课本在敲打魔方。魔方碎了，掉进了大海，大海中漂着一个大大的书架，书架上摆着很多的玩具。每个玩具上都贴着一张虚假证明。

故事串联完成了，现在需要快速地将故事在脑海中回忆一遍：电脑上挂着窗帘，窗帘上掉下来铅笔，铅笔扎到了火箭，火箭撞到了猴子，猴子抓项链把西瓜劈成了两半，西瓜去削一块石头，石头飞向了太空，太空出现冬瓜飞向裂谷。裂谷中长满了玫瑰花，玫瑰装到碗里，碗上面盖上台历，台历上站着李白，李白拿着课本敲打魔方。魔方掉进大海，大海中漂着书架，书架上摆着玩具，玩具上贴着虚假证明。

可以尝试回忆的速度再快一些：电脑上挂着窗帘，掉下铅笔，扎到火箭，撞到猴子，抓起项链，劈了西瓜，削块石头，飞向太空，出现冬瓜飞向裂谷。裂谷中长满玫瑰，装进碗里，盖上台历，台历上站着李白，拿着课本敲打魔方。魔方掉进大海，漂着书架，摆着玩具，贴着虚假证明。

还可以更快：电脑上挂窗帘，掉铅笔，扎火箭，撞猴子，抓项链，劈西瓜，削石头，飞太空，现冬瓜飞裂谷。长玫瑰，装碗里，盖台历，站李白，拿课本敲魔方。掉大海，漂书架，摆玩具，贴虚假证明。

用这种方法记忆下来的词语，我们还可以倒着背出来。

最后一个出现的图像是"虚假证明"。虚假证明在哪里？玩具上贴着。玩具哪来的？书架上摆着。书架哪来的？大海里漂着。大海哪来的？魔方掉进来的。魔方哪来的？课本砸的。课本哪来的？李白拿着。李白哪来的？站在台历上……是不是可以非常自然地倒着回忆出来？

这就是图像记忆的好处。不论是正背、倒背，还是跳着背，只要大脑中的图像是清晰的，就都会非常轻松。

这里需要特别说明的是：图像法并不是故事法。在大脑中做图像串联并不是编故事。编故事注重的是人物、事件、情节，而图像串联只注重图像，并不需要多余的人物、情节，也不需要所谓的原因、经过、结果。图像既是独立存在的，又是连贯的。图像的联结不需要符合现实的逻辑，只需要连贯就足够了。

那在我们的大脑中，图像法与故事法有什么区别呢？我们可以用上面的词语来编个故事体验一下：有一天，我想用电脑工作，于是我先拉上窗帘，然后拿出铅笔，画了个火箭……

大家有没有感觉到区别？在上面的故事中，始终有一个主人公"我"。即使不用"我"作为主人公，也会出现一个"小明、小强、小红、小丽"这样的主人公来串联整个故事。这种方法并不是完全不可以，但对于记忆这类数量多、内容零散的词语来说，图像串联法更加适合。

练习：大家按照同样的方法按顺序记忆下面的20个词语吧。

键盘、红包、钓鱼、考试、消毒、硬盘、香菇、话筒、海参、结婚、汽油、投资、试卷、硬币、洗澡、封闭、指甲、空调、录取、胜利

第六节 联想记忆法

什么是联想呢？看到一个事物就会自然想到另外一个事物，这就是联想。有了联想，人们才能将不同的事物和知识点联系在一起。因此，联想在记忆过程中起着非常重要的作用。

我们在运用联想记忆的时候，会从多角度进行关联，比如空间、时间、相似、相关、对比等。

一、空间联想

有时候很熟悉的英语单词，到用的时候却怎么也想不起来，可是这个单词在课本的什么位置却清晰记得。此时，我们可以借助这个单词的空间位置来想一下前面和后面分别是什么词，这样持续地联想，往往对想起这个单词有很大的帮助。这就是在空间上建立起来的一种联想。

二、时间联想

一个小学生放学回家，背着沉重的书包，手里还拎着妈妈买的菜。回到家放下手里的东西后就进屋去写作业了，等写完作业吃完晚饭，开始看电视，可是他怎么也想不起来红领巾放到哪里了，于是他开始回忆：进屋以后直接跑到了厨房，把菜先放到了厨房。随手要吃东西，妈妈让他先去洗手，于是他没有把红领巾放到经常放的位置。之后洗手吃东西，写作业……放到哪里了呢？他想起来了，是随手放在了茶几上。按照事情发生的时间顺序进行联想，就是联想记忆在时间上的应用，这种方法经常应用在历史学科的记忆上。比如，记忆一个事件发生的时间，我们除了可以用数字编码来记忆，还可以应用这种联想记忆。

第一次鸦片战争发生在1840~1842年，即清道光20~22年。在1840年前的20年里，英国向中国输入巨量的鸦片，危害了中国人民的健康，获取了巨大的商业利益，致使中国"战无强壮之兵，库无隔夜之饷"。中国政府实行禁烟运动。1839年，林则徐在广东虎门销毁鸦片。大英帝国随即发动侵华战争，中国战败，割地赔款丧权，被逼签订了不平等的中英《南京条约》，除赔巨额白银外，还割去香港岛，并丧失领事裁判权。从此，中国进入半殖民地半封建的百年耻辱的灾难岁月！之后英法联军、八国联军、日本侵华战争和国内军阀之争都起源于此。

要记忆上面这段关于鸦片战争的历史信息，我们可以运用时间联想的方法。记住了鸦片战争爆发于1840年，那么就能知道林则徐虎门销烟是在1839年。虎门销烟以后，大英帝国发动了侵华战争，战争持续两年，以签订《南京条约》告一段落，所以《南京条约》的签订日期就是1842年。这也是在时间这条主线上展开的联想。

三、相似联想

如果一个事物和另外一个事物类似，就很容易通过一个事物联想到另外一个事物。外形、功能、性质、结构或者原理相似的事物之间，容易建立起这种联想关系。具体怎么应用呢？比如，在记忆相似字"请、清、情、晴"的时候，我们可以以基础字"青"来联想记忆其他相似的字，这样记忆的效率会高很多。再比如我们常见的"蝴蝶犬""腊肠犬"，也是通过相似联想命名的。

四、对比联想

记忆古诗词等国学经典的时候，一些学科知识点比较相似，此时可以运用对比联想的方法。

黄　鹤　楼

唐　崔颢

昔人已乘黄鹤去，此地空余黄鹤楼。

黄鹤一去不复返，白云千载空悠悠。

晴川历历汉阳树，芳草萋萋鹦鹉洲。

日暮乡关何处是？烟波江上使人愁。

这首诗首联中的去和余，颔联中的黄鹤和白云、不复返和空悠悠，颈联中的历历和萋萋、汉阳树和鹦鹉洲，尾联中的乡和愁，都可以通过对比联想的方法记住。记住了每句中的关键词，再来对整首诗进行图像联想。此时，你还可以将图像画出来，多种方法相结合来记忆。前面我们也提到过，记忆方法有很多，模式有很多，重要的是学会灵活运用，最终形成自己独特的记忆模式，同时根据记忆素材的不同随意调整，真正做到学以致用。

孔子曰："侍于君子有三愆：言未及之而言谓之躁，言及之而不言谓之隐，未见颜色而言谓之瞽。"

在这段话中，三个"谓之"可以通过对比联想来记忆，关于言的状态也可以对比记忆。记住了一句，就可以顺着联想回忆出下一句了。

生活中很多人会运用联想来进行记忆，比如银行卡密码往往会选择生日或者纪念日这些有意义的数字；记忆陌生人的名字也会采用联想的方法，比如，由"浩琪"这个名字，联想到他对什么都很好奇，这样名字的记忆就有趣多了。

联想是记忆的重要手段，能够强化记忆，往往也会和其他的记忆方法结合着使用。比如在使用前面讲到的图像记忆法时，我们在对记忆信息进行图像转换之后，就要对图像进行联想，以完成最终的记忆。我们在记忆和学习新事物时，要善于想象，勤于联想，不能局限于单一的联想方法，而是要积极主动地充分发挥联想在记忆中的作用，来提高记忆水平。

第七节 定桩记忆法

在上一章有关记忆宫殿的介绍中,我们已经对记忆宫殿有了初步的了解。在这一节中,我们将为大家详细说明地点桩的一些用法。

定桩记忆法,就是把需要记忆的图像固定到事先准备好的地点桩上的方法。也有人将其称为抽屉法、挂钩法、地点法、地址法等,其实本质上都是一样的。

定桩记忆法的几个基本原则:

一是要有事先准备好的地点桩。这里所说的事先准备,可以是提前在大脑中储备的地点桩,如记忆大师们一般都会在自己的脑海中储备几千个地点桩。也可以是临时准备的地点桩,即在记忆之前临时通过现场寻找,通过网络查找图片或者其他方式来准备一套地点桩。对于地点桩的详细使用方法,稍后给大家进行详细的解读。

二是地点桩和上面所承载(记忆)的内容必须是图像。不管采用的是实景地点桩还是身体桩,包括后面用到的数字桩都是图像。不管记忆的内容是数字、扑克牌,还是古文、单词,都要转换成图像。

有了这两个原则,再利用定桩记忆法时,效果就会好很多,不至于走弯路。一旦离开了图像的实质,有时候即使花好大的精力、费好长的时间,记忆效果也并不好。

后面将分别针对不同类型的地点桩进行详细的说明。

一、人物桩

定桩法所用的并不一定是地点桩，人物桩也是一种非常典型的用法。所谓人物桩，就是用不同的人物作为"桩"进行记忆的方法。

现在以记忆"中国十大名著"为例，为大家讲解如何利用人物桩。

中国十大名著：《红楼梦》《水浒传》《三国演义》《西游记》《镜花缘》《儒林外史》《封神演义》《聊斋志异》《官场现形记》《东周列国志》。❶

如何用人物桩来记忆这十大名著呢？

首先，准备10个人物桩，就以大家最熟悉的10个家庭人物来作为10个人物桩：爸爸、妈妈、哥哥、姐姐、弟弟、妹妹、爷爷、奶奶、叔叔、阿姨。

其次，在脑海中想象出每个人物的具体形象。像"爸爸、妈妈、爷爷、奶奶"这四个人物一般情况下好想象，因为大部分小朋友的脑海中都有这四位亲人。但是并不是每个小朋友都有"哥哥、姐姐、弟弟、妹妹"，而"叔叔、阿姨"这两个人物的指代不明确，因为中国人习惯出门见了年长者就喊"叔叔、阿姨"，所以这6个人物较不好想象。

这里需要注意的是，每个人物都要找到一个有标志性的具体人物。比如"哥哥"这个角色，虽然有的小朋友并没有哥哥，但是他经常与邻居家的某个小朋友或者朋友家的某个小朋友一起玩，并以××哥哥相称，那就可以用这个小朋友来代表"哥哥"的形象。而对于"叔叔、阿姨"这两个笼统的角色，也要找到两个代表人物，可以是孩子特别喜欢或者印象特别深刻的。

成人在训练的时候，就可以任意一些了，你想让谁来代表都可以，只要你愿意而且能分得清。比如，可以直接利用一些电影、电视中的角色或者卡通人物来代表这10个人物。

---

❶ 注：中国十大名著有不同的争议版本，在此仅用于讲解练习用。

现在已经有了10个人物的形象，先闭上眼睛回忆一遍。之后，把10部名著的名称按照之前讲述的谐音法或者代替法转成图像，然后与人物形象通过串联联想联结在一起。

《红楼梦》，可以想象一座红色的楼，对应的人物是《大头儿子和小头爸爸》中的"小头爸爸"。串联出来的图像：小头爸爸抱着一个红楼的建筑模型睡着了。

《水浒传》，可以想象一只从水里跳出来的老虎，对应人物是围裙妈妈。串联出来的图像：一只从水里跳出来的老虎扑到了围裙妈妈的身上。

《三国演义》，可以想象三个小人国在沙盘上打仗，对应的人物是哥哥。串联出来的图像：哥哥在一个沙盘面前两手指挥着三个小人国打仗。

《西游记》，可以想象《西游记》中的任何一个人物，对应的人物是姐姐。串联出来的图像：姐姐变身为蜘蛛精，正用肚脐吐出蜘蛛丝缠着唐僧。

《镜花缘》，可以想象用一面圆形的镜子在纸上画圆（"花缘"的谐音），对应的人物是弟弟。串联出来的图像：弟弟非常聪明，找不到圆规，就拿一面镜子代替，画出了一个非常标准的圆。

《儒林外史》，可以想象某人偷偷走到一片树林之外去拉屎（有点恶心），对应的人物是妹妹。串联出来的图像：小妹妹突然肚子不舒服要拉屎，没有厕所只能跑到树林之外去解决了。

《封神演义》，可以想象用一个封条或者瓶子把一个神仙封起来，对应的人物是爷爷。串联出来的图像：爷爷拿一个宝瓶（或者封条）把一个神仙给封了起来。

《聊斋志异》，可以想象《聊斋》中的一个女鬼（如果不了解《聊斋》可以谐音成"聊宅织衣"），对应的人物是奶奶。串联出来的图像：奶奶正在和一个女鬼聊天（可以继续想象聊的内容是如何宅在家里织毛衣）。

《官场现形记》，可以想象一个妖怪（比如狐妖或者蛇妖）到了官场就现了原形，对应的人物是叔叔。串联出来的图像：叔叔到了官场后就现了原形，原来是一只狐妖。

《东周列国志》，可以想象天太冷了，把粥冻住了，锅也冻裂了（冻粥裂锅），对应的人物是阿姨。串联出来的图像：阿姨端着一锅粥，结果天太冷了，把粥冻住了，锅也被冻裂了。

现在来回忆一下每个人物对应的图像吧。

爸爸：抱着红楼模型睡觉。

妈妈：迎战一只从水里跳出来的老虎。

哥哥：在沙盘前指挥三个小人国对战。

姐姐：吐蜘蛛丝缠住唐僧。

弟弟：用镜子画圆。

妹妹：跑到树林外拉屎。

爷爷：封住神仙。

奶奶：和女鬼聊天。

叔叔：在官场现形成妖怪。

阿姨：端着一锅粥，冻裂了锅。

如果能够顺利地回忆出每个人物联结的图像，下一步就来回忆图像代表的作品名称。

爸爸：抱着红楼模型睡觉——红楼——《红楼梦》。

妈妈：迎战一只从水里跳出来的老虎——水虎——《水浒传》。

哥哥：在沙盘前指挥三个小人国对战——三小人国——《三国演义》。

姐姐：吐蜘蛛丝缠住唐僧——蜘蛛精——《西游记》。

弟弟：用镜子画圆——镜子画圆——《镜花缘》。

妹妹：跑到树林外拉屎——到林外拉屎——《儒林外史》。

爷爷：封住神仙——封神——《封神演义》。

奶奶：和女鬼聊如何宅在家里织毛衣——和女鬼聊（宅织衣）——《聊斋志异》。

叔叔：在官场现形成妖怪——官场现形——《官场现形记》。

阿姨：端着一锅粥，冻裂了锅——冻粥裂锅——《东周列国志》。

练习：请按同样的方法记忆世界十大名著。

《战争与和平》《巴黎圣母院》《童年　在人间　我的大学》《呼啸山庄》《大卫·科波菲尔》《红与黑》《飘》《悲惨世界》《安娜·卡列尼娜》《约翰·克利斯朵夫》[1]

二、身体桩

每个人最熟悉的东西莫过于自己的身体，所以如果能用自己的身体作桩来记忆信息，将是最方便不过的事了。

现在我就以自己的身体为例，为大家讲述如何用身体桩记忆零散的信息。

每个人的身体上都有很多的器官，但在选桩的时候，最好选用外显的器官，如头部器官、四肢等；而不建议使用内部器官作为地点桩，如五脏六腑、肌肉、神经等。

上一章对身体桩有过简单的介绍。现在以记忆十二星座为例，为大家讲述

---

[1] 注：世界十大名著有不同的版本，本书所列版本仅作练习之用。另外，不用担心与前面中国十大名著的图像有冲突。经过验证，几乎不会有干扰和影响。

身体桩的用法。

十二星座：白羊座、金牛座、双子座、巨蟹座、狮子座、处女座、天秤座、天蝎座、射手座、摩羯座、水瓶座、双鱼座。

第一步，我们从头到脚找出可用的器官作为桩子：头顶、眼睛、鼻子、嘴巴、耳朵、脖子、双手、前胸、后背、屁股、双腿、双脚。

第二步，将星座名称转成图像，与人体部位进行串联联想。

头顶——白羊座——头顶（头发中）趴着一只可爱的小白羊。

眼睛——金牛座——两只眼睛睁得像牛眼一样大，放着金光。

鼻子——双子座——两个鼻孔里分别钻出来一个小娃娃。

嘴巴——巨蟹座——嘴里咬着一只巨大的螃蟹。

耳朵——狮子座——耳朵旁边一只大狮子在吼叫。

脖子——处女座——一个女孩在脖子上亲了一口。

双手——天秤座——一手拿一个盘子，手臂伸平就像天秤。

前胸——天蝎座——一只蝎子在肚皮上爬来爬去（好瘆人）。

后背——射手座——后背背着弓和箭。

屁股——摩羯座——屁股被黑山羊（摩羯）顶了一下，好疼，还流血了。

双腿——水瓶座——腿上绑着一个水瓶，一动里面的水就一晃。

双脚——双鱼座——两条鱼在两只脚上游来游去。

第三步，按顺序回忆每个部位联结的图像以及星座名称（过程略）。

在利用身体桩记忆的时候，如果需要记忆的信息元素的个数不是12个，就可以适当地增加或者减少一些部位。如可以增加的部位有：肩膀、胳膊等。

还可以对某些部位进行细分，如手可以分为掌心、掌背，胳膊可以分为大臂、肘部、小臂，双腿可以分为大腿、膝盖、小腿，脚可以分为脚掌、脚趾等。这里为大家提供20个身体桩作为参考：头发、眉毛、眼睛、鼻子、嘴巴、舌头、耳朵、脖子、前胸、后背、胳膊、肘、手、指甲、大腿、膝盖、小腿、脚、鞋、屁股。

但也不建议分得太多太细，如果超过20个元素，就不建议使用身体桩来记忆了，使用地点桩或者数字桩可能会更方便快捷。

身体桩的好处是熟悉、方便，对于记忆10个左右的信息非常实用。

> 练习：请用身体桩按顺序记忆十二生肖的名称。

> 子鼠、丑牛、寅虎、卯兔、辰龙、巳蛇、午马、未羊、申猴、酉鸡、戌狗、亥猪

三、地点桩

从严格意义上讲，不论是前面的人物桩、身体桩，还是后面要讲的物品桩、数字桩、文字桩，都可以统称为地点桩。这里要讲的地点桩，是专指以房间、场景为主的地点桩，是现实中存在的或者通过想象在大脑中能形成实际地点的地点桩。我们先以实际的房间图为例来讲述地点桩的用法。

在上图的房间中，有很多的家具摆设，我们可以从中找到可用的物品作为地点桩。比如自右向左：单人沙发、小圆桌、大茶几、长沙发、壁画。

为了方便记忆，加深印象，可以在上图中画出轨迹线，并标上顺序号。

地点桩应用的第一步，就是找到可用的地点桩并按顺序记住这些地点桩。可能这里很多朋友会问，这不是会额外增加很多记忆量吗？是的，但是地点桩的记忆是件一劳永逸的事情。所有的世界记忆大师大脑中都储备了几千个甚至上万个地点桩，所以他们才能轻松地记下几十副扑克牌、几千位数字。

根据选择的参照物及场景的不同，地点桩又可以分为实景桩、虚拟桩、图片桩等。在不同的场景中找地点桩的原则，在上一章已经进行了详细的介绍。这里我们重点说一说如何更快速地记忆这些地点桩的顺序。

如果是线下的实地课程讲解，一般采用实景桩，即大家上课所处的教室来讲解。因为这时候大家都身临其境，体验度最高。但是通过书籍、视频等讲解时，只能采用虚拟桩，让大家想象"我们正处在此图的场景中"。

不过大家不用担心，从实战的对比效果来看，虽然会有一些影响，但是对于初学者来说，使用什么样的地点桩对速度和牢固性的影响并不是很大。大家按照下面所叙述的方法练习，同样能达到现场授课时训练的效果。

在记忆地点桩的时候，大家掌握以下几个要点，就能提高记忆的效率和牢固性。

1.尽量不要给地点桩取名字

在上图中，我们和大家一起找了五个地点桩，分别是：单人沙发、小圆桌、大茶几、长沙发、壁画。

这时候很多人会问："这不是都有名字吗？"是的，但这只是为了讲解的需要，方便大家知道我们将要讲述的是哪个区域的哪件物品。在线下课程中讲解的时候，我们同样会给每个地点桩取个临时的名字。但是一个人训练的时候，就要尽可能把名字去掉。

很多人会问："把名字去掉？那怎么记？"

答案是：只记住物品的颜色和形状。

虽然说起来很容易，但实际做起来还是有一些难度的。因为我们从小养成了声音记忆的习惯，在记忆和回忆的时候总是习惯一边读出声音一边记忆。比如在脑海中回忆沙发的时候，必须说出"沙发"这两个字才能顺利向下一个地点跳跃，否则就会停止。

那正确的做法应该是怎样的呢？

前面已经提到了，叫"回忆颜色和形状"。这个过程有个专业的说法叫"消声"。在快速阅读的训练中有"消声"训练，后面我们在讲到"数字编码"的训练时也会讲到"消声"训练。同样，地点桩的训练也会涉及"消声"的训练。

当然，如果对速度没有要求，关于地点桩消声训练这一部分的内容您可以跳过去不看。但如果想对地点桩的掌控达到更高的水平，想要记得更快、更牢固的话，建议大家还是尝试一下"消声"训练。

比如我们现在需要回忆的地点桩是"长沙发",这时候不要将专注力集中于"长沙发"这件物品本身的名字上,而要集中在"长沙发"的图像特征上。比如,这是一件类似长方体的,有平面和靠背的,卡其色的,大约两米长、一米高的物品。这件物品叫什么名字不重要,重要的是它具有这些特征。

再比如地点桩"大茶几",在记的时候不要去重复它的名字"大茶几",这只是我们临时取的一个代号。我们应该刻意去记忆它是一个有椭圆形的面,浅色,薄板状,下面有细细的、金属质地、深色的直腿的物品。

另外,为了更好地达到"消声"的效果,尽量选择区域而不是选择物品。当我们选择的地点桩并非一个完整的物品,而是某件物品的一部分区域(部位)时,就很容易把物品的名称消声了。在上图中,我们选择的地点桩并不是茶几,也不是地板,而是茶几腿的一部分区域,也就是底盘和立柱形成的交叉点这个区域。这个区域既不能叫"茶几",也不能叫"桌子腿",更不能叫"地板"。这种既有明显的图像特征又不容易命名的区域(部位),就比较容易实现"消声"。

2.更多地关注地点桩的图像特征,加深图像在大脑中的痕迹

这就要求我们在记忆地点桩的时候,更多关注物品的颜色、形状、质感,甚至可以把物品的软硬、冷热、光滑程度、湿润程度等触感信息想象出来,附加到地点桩的特征中。这将对图像记忆的牢固性有很大帮助。

3.在记忆地点桩的时候,要掌握先慢后快的原则

刚开始记忆时,因为要刻意记忆很多特性,尽可能把更多的细节都记下来,所以速度要放慢。这时候追求的是图像的细节、图像的牢固程度。

随着熟悉程度不断提升,回忆的速度要越来越快。为了强迫自己更高速地

回忆，可以借助节拍器或者秒表来计时。节拍器每响一下就要跳到下一个地点桩，不管是不是已经清晰地回忆出当前地点桩的图像，都要紧跟节拍器的节奏跳桩（即从当前的地点桩跳到下一个地点桩）。然后不断调整节拍器的速度，逼迫自己回忆的节奏越来越快。

4.倒序回忆

除了按顺序回忆地点桩，还要尝试从最后一个地点桩开始倒着回忆地点桩的图像。有人说，"倒着回忆一遍等于正着回忆十遍"。不管这话是不是有些夸张或者有没有道理，在正着回忆的基础上，再多训练一下倒着回忆，对更快、更熟练地记忆地点桩有很大的帮助。

5.尝试更高阶的难度

一次在大脑中回忆两个或者两个以上的地点桩，这个过程需要大量地训练才能找到感觉。刚开始时虽然要求一次回忆两个地点桩，但仍然会先出现一个再出现一个。直到对图像的把控能力达到一定程度后，才能真正做到两个地点桩同时在大脑中出现。

当能够轻松地同时回忆两个地点桩之后，再尝试同时回忆多个地点桩，直到有一天可以做到闭上眼睛，整幅画面中的所有地点桩都能清晰地在脑海中呈现出来。这时候不再需要按顺序正序或者倒序回忆了，因为这幅画就在"眼前"，你可以随意地移动眼球去观察画面上的任意位置。当然，这些位置都是自己选出的地点桩的图像。

如果能做到这一步，那么对这一组地点桩的记忆就达到最高标准了。对于不打算参加竞技的朋友，对地点桩的记忆水平不作要求，简单了解一下就足够了。

我们来看一个简单的应用例子。

按顺序记忆下面10个词语：落叶、落实、落后、落差、落空、落点、飘落、村落、院落、发落。

这是10个非常相似的词语，按照我们前面讲的串联联想也可以记忆。但是当词语的量越来越大，串联的难度就会逐渐增加。采用地点桩来记忆的话，记忆难度就较不受数量的影响了。只要地点桩的数量足够，就可以记忆足够多的词语。我们就用前面的5个地点桩来记忆这10个词语。

第一步，准备地点桩（前面例子中的5个地点桩）。

第二步，用前面所讲的谐音法和代替法将这10个词语转换成图像。

落叶：想象一片黄黄的树叶。

落实：谐音成"落石"。

落后：想象两个人跑步（一前一后，后面的落后）。

落差：自天而降的瀑布（落差比较大）。

落空：在玻璃栈道上走，突然玻璃碎了，落了下去。

落点：一张纸上有好多小黑点，小黑点一个接一个从纸上掉下来。

飘落：一片羽毛从空中飘落。

村落：一间间的小房子组成村落。

院落：一个四合院。

发落：剪刀剪头发，剪掉的头发掉下来。

第三步，将图像两两串联，并与地点桩联结到一起。

单人沙发：沙发上有一片巨大的黄色树叶，一块石头从天而降正好砸中了树叶。

小圆桌：小圆桌上两个人一前一后在跑步，突然有一道瀑布自天而降。

大茶几：大茶几上的玻璃栈道突然碎了，一张纸落下来，好多黑点从纸上掉下来。

长沙发：一片羽毛从长沙发上飘落，羽毛上居然有个微型的村落。

壁画：壁画上有一个四合院，里面站着一个人在剪头发。

第四步，尝试回忆每个地点桩上面保存的图像。在这一步回忆的过程中，只需粗略地回忆每个地点桩上的图像，可以忽略一些细节，不用考虑词语的原词是什么。一定要在记忆联结完成后马上进行回忆，建议时间间隔不超过10分钟。

如果有遗忘，一定要重新联结图像，确保图像的牢固性。如果总是有个别的地点桩上的图像反复遗忘，建议重新构建联结方式，重新想象一种全新的图像联结模式来取代原来的图像。

第五步，尝试根据图像回忆原词。在完成了上一步的回忆后，确保每个地点桩上的图像都是清晰可见的。然后根据每个地点桩上的图像来尝试回忆每个图像所代表的原词。如果有些图像不能还原为原词或者还原为原词时发生错误，这时候可以借助声音记忆的力量，来提高回忆的准确率。

第六步，尝试直接在大脑中一边过地点桩和图像，一边直接说出词语的原词。这个过程实际上是把第四步和第五步合二为一。当这种方法应用熟练以后，就可以直接进行这一步。这样可以提高记忆的效率，在同样的时间内可重复更多的次数。重复的次数越多，记忆的准确率和牢固性就越好。

练习：请在自己所处的房间中找到适量的地点桩，并利用上面的方法按顺序记忆下面的词语。

容量、茶道、运动员、信号、娟秀、黑屏、拮据、寒冷、紫外线、俸禄、优惠、木纹

四、物品桩

物品桩也是地点桩的一种,但一般不用于竞技比赛,经常用于临时性信息的记忆或者考试知识点的记忆。比如近期计划外出旅行一周,准备自驾游,那肯定需要准备很多的东西。按照一般的习惯,就是找张纸或者找个本子,把能想到的旅行物品都列在上面,然后出发前一一核对。

那有没有不用笔而只用脑子就能记下几十件物品的方法呢?当然,除了前面我们讲的串联联想、房间定桩法,我们还可以通过物品桩的方法来记忆。

我们要记如下物品清单:身份证、银行卡、酒店贵宾卡、加油卡、ETC卡、导航仪、现金、手机及充电器、充电宝、笔记本及充电器、U盘、内衣、裤子、上衣、袜子、皮鞋、运动鞋、溯溪鞋、泳衣、遮阳帽、墨镜、雨伞、水壶、记事本、笔、望远镜、照相机、驱蚊用品、应急药品、急救包、应急食品、饮用水。

我们尝试用汽车桩来记忆。我们先找到可用的桩子:

第1组(前面):车大灯、引擎盖、前玻璃、反光镜。

第2组(侧面):侧玻璃、门把手、侧踏板、车轮胎。

第3组(后面):车顶棚、后雨刷、后车牌、排气筒。

第4组（里面）：方向盘、仪表台、前座椅、后座椅。

在这个例子中，只需要记忆物品的内容，对顺序要求不高，因此对这组地点桩的顺序要求也不高。因需要记忆的物品有32件，所以我们只需要从车上找到16个地点桩，每个地点桩联结2件物品。如果需要记忆的物品更多，可以继续细化，从车的内部和外面找到更多的地点桩。如尾灯、加油口、后备厢、换挡区域、侧门储物盒、车内顶灯、中间储物箱等。

接下来，就通过串联联想的方法，把上述32件物品依次与上面的16个地点桩进行联结，每个地点桩上联结2件物品。

车大灯：车大灯上有一台小型的取款机（银行卡），取款机上插着一张超大的身份证。

引擎盖：引擎盖上有个酒店的前台（酒店贵宾卡），柜台上放着一把加油枪（加油卡）。

前玻璃：前玻璃上粘着两个设备，一个是ETC，另一个是导航仪。

反光镜：反光镜上绑着一捆现金，现金中夹着手机充电器。

侧玻璃：用充电宝把侧玻璃打烂，从里面抽出一台笔记本电脑。

门把手：门把手上牵拉着一条内裤，内裤下面还吊着一个U盘。

侧踏板：侧踏板上整整齐齐地放着两件衣服（裤子、上衣）。

车轮胎：轮胎上绑着一双皮鞋，皮鞋里塞满了袜子。

车顶棚：车顶上放着两只巨大的鞋子，一只是运动鞋，一只是溯溪鞋。

后雨刷：后雨刷上压着一件泳衣，下面还吊着一顶遮阳帽。

后车牌：车牌的左边挂着墨镜，右边绑着雨伞。

排气筒：排气筒上吊着一个水壶，里面泡着记事本。

方向盘：方向盘的外圈粘着一支笔，中间粘着望远镜。

仪表台：仪表盘上放着一架照相机，然后朝上面不停地喷驱蚊液。

前座椅：前座椅上堆满了应急药品和急救包。

后座椅：后座椅上堆满了食品和饮用水。

现在，赶紧闭上眼睛，尝试回忆一下这32件物品吧。你能顺利地回忆出来吗？

> 练习：请尝试从自行车上找到可用的点作为地点桩，并利用这些地点桩来记忆以下人名（无顺序要求）。

> 郑和、李世民、屠呦呦、祖冲之、麦哲伦、李清照、牛顿、孔乙己、谢婉莹。

五、文字桩

文字桩是一种比较特殊的地点桩。所谓文字桩，就是直接利用文字作为地点桩。这种地点桩经常用于学科知识的记忆。最常用的文字桩是古诗、谚语、俗语等，如"白日依山尽，黄河入海流"。这句大家非常熟悉的古诗，就可以直接拿来作为地点桩。具体方法如下：将诗中的每一个字转换成一个图像，这个图像就是地点桩的图像。这句古诗共有10个字，就可以转换成10个图像。

白：白纸、白布

日：太阳

依：衣服（谐音法）

山：大山、小山

尽：丝巾、黄金、毛巾（谐音法）

黄：黄金、黄表纸

河：小河、大河

入：入口（代替法）

海：海边、海浪

流：气流（飞机）、人流、水流（水龙头）

现在我们就用这句古诗转换出来的10个地点桩来尝试记忆世界十大文豪：荷马、但丁、歌德、拜伦、莎士比亚、雨果、泰戈尔、列夫·托尔斯泰、高尔基、鲁迅。❶

其记忆的过程与前面几种地点桩的运用方法类似，需要分为转化、联结、定桩、回忆等步骤。详细的过程在此不再一步步地精讲。直接从上面的例子中选择10个地点桩，并将十大文豪的名字通过谐音法转成图像，与地点桩联结到一起。

白纸：白纸上站着一头可爱的河马（荷马）。

太阳：太阳上掉下来一个鸡蛋（但），鸡蛋上插着一根钉子（丁）。

衣服：哥哥（歌）经过比拼拿了冠军，得到的奖品（德）是这件衣服。

大山：大山上有一群人在磕头叩拜（拜）一个很大的摩天轮（伦）。

丝巾：丝巾上摆放着沙子和石头（莎士），它们在比谁能把丝巾压得更牢（比亚）。

黄金：黄金被雨淋了（雨），上面结出了果子（果）。

小河：从小河中抬出来一个人（泰），此人的耳朵被割伤了（戈尔）。

入口：景区入口排列着一群大夫（列夫），都托着耳朵思念太太（托尔斯泰）。

海边：海边的沙滩上站着一只耳朵特别高的鸡（高尔基）。

---

❶ 注：世界十大文豪的权威名单请参考专业书籍，在此仅作练习用。

第三章 各种实用的记忆方法

飞机：飞机的商务舱（或者驾驶座）上坐着鲁迅（参考鲁迅小胡子的照片）。

现在来快速回忆一下。首先，根据古诗来回忆10个地点桩的图像。

白：_____

日：_____

依：_____

山：_____

尽：_____

黄：_____

河：_____

入：_____

海：_____

流：_____

其次，根据10个地点桩来回忆上面承载的图像。

白纸：_____

太阳：_____

衣服：_____

大山：_____

丝巾：_____

黄金：_____

小河：_____

入口：_____

海边：_____

飞机：_____

再次，根据10组图像场景，回忆每个图像场景代表的作家名字：

白纸上站着河马：_____

掉下鸡蛋，插着钉子：_____

哥哥比拼得到奖品：_____

大山上有一群人叩拜摩天轮：_____

沙子和石头比谁压得更牢：_____

黄金被雨淋了结出果子：_____

河中抬出来一人，耳朵被割伤了：_____

排列着的大夫托着耳朵思念太太：_____

一只耳朵特别高的鸡：_____

飞机驾驶员是小胡子鲁迅：_____

最后，尝试直接通过古诗写出10位作家的名字：

白：_____

日：_____

依：_____

山：_____

尽：_____

黄：_____

河：_____

入：_____

海：_____

流：_____

怎么样？这样的方法是不是用起来特别方便？

> 练习：请尝试用"床前明月光，疑是地上霜"来记忆世界十大文化遗产。

金字塔、奥林匹亚宙斯神像、亚历山大灯塔、巴比伦空中花园、阿提密斯神殿、罗得斯岛巨像、摩索拉斯陵墓、万里长城、亚历山大港、兵马俑

第四章

数字编码与数字桩

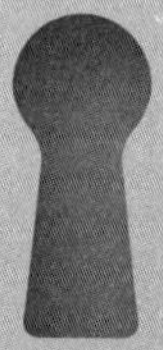

第四章
数字编码与数字桩

第一节　为什么要学习数字编码？

除了前文所提到的地点桩类型，还有一种非常好用的地点桩叫"数字桩"。在讲述数字桩的用法之前，我们有必要先来了解有关"数字编码"的知识。

数字编码并不是简单地记忆一堆数字对应的编码图像，更重要的是学习一种编码技术。之所以要使用编码这套技术，是因为在记忆材料的过程中，经常会遇到大量重复的信息。当这些相似的信息元素反复出现的时候，就容易产生混淆。为了更方便快捷地记忆这种类型的信息，有人提出了编码记忆的方法。

要求按顺序记忆下面的词语：桌子、沙发、电视、沙发、电视、桌子、桌子、电视、沙发、桌子。

上面这组词语中其实就只有"桌子、沙发、电视"三种物品。在记忆的时候，虽然可以按照前面所讲的串联联想的方法进行，但是很容易产生混淆。仅仅10个词语已经如此，如果这几样物品的图像组合长度是50个、100个呢？你觉得串联联想还能够完成这样的任务吗？

有时记忆的内容不是文字，而是图形，如下面的这五种图形。它们每一个都很简洁，如果每个只出现一次，且按照一定的顺序排列，并不难记。但是当它们重复出现，并且顺序没有规律时，记忆难度就会急剧增加。

看下图的组合序列，有没有一种要疯了的感觉？会不会产生这样的疑问：这是人类的大脑能记住的内容吗？其实，要完成这种类型的信息的记忆，也非常简单，只需要使用我接下来要讲的"编码法"即可。上面的图形序列中，一共出现了五种不同形状的图形。我们给每个图像赋予一个单独的身份编码：

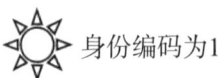

☀ 身份编码为1

⌯ 身份编码为2

☺ 身份编码为3

⇨ 身份编码为4

♡ 身份编码为5

有了这样的编码后，上面的组合序列就变成了下面的一串数字：

12314523253

11531452341

42321452155

虽然这串数字看起来仍然不是特别好记，但至少比刚才那一堆既不能读也不能联想的图形组合要好记多了吧？就算是死记硬背，只要时间足够，记下这三行数字还是完全可行的事情。

说到这里，可能有些朋友已经想到了，这些数字也是些枯燥的重复信息。所以接下来，我们要给大家分享的就是编码技术中最经典的一种编码，叫"数字编码"。数字编码，就是把数字统一定义成一组固定的图像。

还记得幼儿园时的儿歌吗？1像铅笔细又长，2像小鸭水上漂，3像耳朵听声音，4像小旗随风摇，5像秤钩去买菜，6像豆芽咧嘴笑，7像镰刀能割草，8像麻花拧一遭，9像勺子能盛饭，10像面条加鸡蛋。

其实这就是最简单的数字编码，根据"1、2、3、4、5、6、7、8、9、10"的形状特征，想象出与其形状最相近的一件物品，然后编成儿歌。这种编码，由于是对个位数字（10除外）进行的编码，我们称之为"一位数字编码"。

目前国际上流行的数字编码有三类：一位数字编码、两位数字编码和三位数字编码。这三类编码有什么区别呢？

将数字设计成固定的图像，作为图像编码来代替枯燥的数字，这一做法是为了方便、快速地记忆数字。最简单的数字编码就是一位数字编码。前面所提到的数字儿歌就是一种一位数字编码。一位数字编码的优点是简单、易记，可以快速熟悉。但是一位数字编码也有缺点，就是重码率太高。如果仅仅是记忆几位或者十几位数字，用一位数字编码还可以勉强应对。但是如果需要记忆的数字有50位、100位甚至更多，重复的图像就太多了。比如可能会出现20多个"9"，30多个"7"，还有很多的"5、3、6、2"……几乎每个数字都可能会出现或者多次出现重码，这就给图像记忆带来很大的困难，即会导致图像的混淆问题。

基于以上原因，就出现了两位数字编码。所谓两位数字编码，就是以两位数字为基础来设计数字编码。比如：14的数字编码图像是"钥匙"，25的数字编码图像是"二胡"，79的数字编码图像是"气球"。

两位数字编码共有100个，从00到99。采用两位数字编码后，记忆数字的过程中，重码的概率就大幅降低了。我们以记忆圆周率为例来看看数字的重码率。以下是圆周率小数点后100位。

1415926535 8979323846

2643383279 5028841971

6939937510 5820974944

5923078164 0628620899

8628034825 3421170679

在圆周率的小数点后100位中，共出现了：8个"1"、12个"2"、11个"3"、10个"4"、8个"5"、9个"6"、8个"7"、12个"8"、14个"9"、8个"0"。但如果按两位数字一段来记，一共出现了以下几组重复的数字：3个"79"、2个"32"、2个"38"、3个"28"。使用两位数字编码后，重复率明显大幅降低。

这时候有些朋友可能会问，如果采用三位数字编码，不是更好吗？在圆周率小数点后100位中，几乎没有出现三位数字的重码情况。事实确实如此，如果采用四位数字编码，在圆周率小数点后1000位中都没有出现过重码的情况。那为什么不采用三位或者四位的数字编码呢？

目前，中国的近千位世界记忆大师中，仅有3位（近几年可能增加了几位）记忆大师采用的是三位编码，其余的记忆大师均采用的是两位数字编码。这并不是说三位数字编码不好。理论上，数字编码位数越多，重码率越低，记忆的效率会更高。但是数字编码的位数越多，达到应用层次所需要的熟悉过程越长。

一位数字编码达到熟悉的程度可能几分钟就够了，连幼儿园的小朋友也能很快熟悉。两位数字编码达到熟悉的程度，一般需要几小时甚至几天的时间，如果要达到竞技比赛的程度可能需要更长时间。所以世界记忆大师在训练的过程中，一般都需要很多天甚至几个月的时间去熟悉数字编码。

之所以很少有记忆大师选择三位数字编码，就是因为熟悉编码的时间成本太大了，没有几个月的时间根本不可能达到应用的层次。要想用三位数字编码，必须有很好的毅力才能坚持完成训练。经过比较，两位数字编码是既能有效地避免重码，又能在短时间内掌握并熟悉的编码方法。

当然，后来多米尼克先生提出了"多米尼克编码系统"，于是产生了四位数字编码系统，很好地解决了时间成本和记忆效率的冲突问题。近几年又出现了"PAO"系列编码系统，六位数字编码也产生了。初学者建议学习两位数字编码系统。

第二节 如何设计数字编码？

数字编码并没有标准，也不存在谁的编码更好、谁的编码更标准等问题。因为数字编码是图像编码，是把每组数字转换成固定的图像。每个人的思维习惯不一样，对图像的认识也不一样。所以，只有适合自己的图像编码才是好的数字编码。数字编码一定要自己设计，不要直接照搬别人的数字编码。哪怕是世界记忆大师或者世界冠军的编码，也不一定适合自己。

接下来，我们一起看看如何设计自己的数字编码。数字编码的设计一般采用以下几种原则：

一、谐音法，根据数字的读音进行编码

这是数字编码中最常用的一种。比如"25"的发音和"二胡"的发音非常相似，那就可以把"25"的图像编码定义为"二胡"。同样，可以把"79"定义为"气球"，把"67"定义为"楼梯"，把"46"定义为"饲料"等。

以下用谐音法进行转换的两位数字编码仅供大家参考。

01—灵药	07—令旗	15—鹦鹉	24—盒子	30—三菱
02—灵儿	08—淋巴	16—一流	25—二胡	31—鲨鱼
03—灵山	09—菱角	17—仪器	26—二流	32—扇儿
04—零食	12—婴儿	18—泥巴	27—耳机	33—扇扇
05—领舞	13—医生	19—药酒	28—恶霸	34—山石
06—领路	14—钥匙	21—鳄鱼	29—鹅脚	35—珊瑚

续表

36—山路	50—武林	64—螺丝	78—西瓜	91—球衣
37—山鸡	51—武艺	66—悠悠	79—气球	92—球儿
40—司令	52—我儿	67—楼梯	80—巴黎	93—救生
41—司仪	53—牡丹	68—喇叭	81—蚂蚁	94—教师
42—柿儿	54—舞狮	69—辣椒	82—把儿	95—救我
43—雪山	56—蜗牛	70—麒麟	83—花生	96—酒篓
44—石狮	57—武器	71—奇异	84—巴士	97—酒器
45—食物	58—苦瓜	73—鸡蛋	85—宝物	98—酒吧
46—饲料	59—五角	74—骑士	86—白鹭	99—舅舅
47—司机	60—榴梿	75—积木	88—爸爸	00—玲玲
48—扫把	62—驴儿	76—气流	89—白酒	
49—石臼	63—流沙	77—棋棋	90—酒瓶	

从上表可以看出，大部分的数字可以通过谐音法转换成对应的图像，但是也有些数字组合很难用谐音转换。当然，每个人对谐音的理解不一样。比如，有的人觉得数字"32"发音像"扇儿"，有的人觉得发音像"仙鹤"，还有的人觉得发音像"伞儿"。至于哪个更适合，还要看自己的习惯和理解。当然也有人会觉得都不像，这时候就可以用其他的方法进行转换。

另外，需要特别说明的是，包括记忆大师在内的很多人的编码谐音转化非常特殊。这是由于部分编码是按照粤语（广州话）的发音来转换的，这部分编码对于北方人来说可能不太好理解。对于这样的编码，可以按自己的理解重新定义图像编码，或者按照下面的几种方式来进行转换。

二、形似法，根据数字的形状进行编码

所谓形似，就是长得像。比如，数字"00"就像一副眼镜，因为有两个圆

圈；"11"像一双筷子，由两根长条木棍组成；"10"像棒球，其中"1"像棒球的棒，"0"像棒球的球。

我们也给出部分利用形似法进行编码定义的数字组合，仅供大家参考：

| 00—眼镜 | 11—筷子 | 22—鸳鸯 | 40—小轿车 | 66—蝌蚪 |
| 10—棒球 | 20—鸭子下蛋 | 30—三轮车 | 50—奥运五环 | 69—太极图 |

三、代替法，根据数字的意思进行编码

代替法就是根据数字表达的意思来选择一个有代表性的图像作为该数字的图像编码。比如，数字"51"很容易让人联想到"五一劳动节"，"99"很容易让人联想到"九十九朵玫瑰"，"49"容易让人联想到"新中国成立"等。

我们也给出一些可供参考的有特殊意义的数字编码：

18—十八罗汉	54—五四青年节	77—七七事变
24—闹钟、手表	56—五十六个民族	81—建军节
38—妇女	61—六一儿童节	99—九十九朵玫瑰
49—天安门（新中国成立）	71—党的生日	
51—五一劳动节	72—孙悟空（七十二变）	

这里需要特别说明的是，如果采用节日作为数字编码，一定要找一个与该节日有关系的人或者物来代表，而不是直接用节日作为图像。因为节日太抽象了，很难在大脑中形成具体的图像。比如，数字"51"定义为"五一劳动节"，这时候必须找一个与"劳动节"有关系的人或者物品来代表"五一劳动节"，如锤子、扳手、安全帽等。再如，"61"对应的"六一儿童节"可以用"书包""红领巾"或者某个有代表性的儿童玩具来代表。也就是说，任何一个数字编码的图像必须具体、形象、生动。

四、个性法，根据数字的特殊意义进行编码

这种方法是对第三种方法的补充。第三种方法中讲到的代替，是公用的代替。比如，"五一劳动节"是公众熟知的节日，因此用"五一劳动节"来代替"51"是大家都能接受的一种方式。而某些数字仅对于个人而言有特殊意义，那么这种意义依然可以作为该数字的替代，只是不能推而广之。

比如，由数字"37"可以联想到"3月7日"，而3月7日是妈妈的生日。这时候就可以把数字"37"的图像定义为"妈妈"。再如，数字"63"对于我来说是个有特殊纪念意义的数字，因为在一次全国锦标赛的决赛中，我以63分的成绩夺得了全国总决赛的第二名，拿到了一座金灿灿的奖杯。这件事是我一生中最值得骄傲的事情，所以数字"63"的图像编码就可以定义为那座"奖杯"。诸如此类，这些数字对于大众来说，并没有什么特殊的意义，但对我个人而言，有非常特殊的意义。对于这样的数字，仍然可以按照自己的理解来定义数字编码的图像。

有了上面的四种方法，大家可以来定义自己的数字编码表了。

这里需要特别说明的是，不建议大家100个数字编码都自己设计。虽然我们前面已经讲述了设计数字编码的四种方式，但是如果每个编码都要自己设计的话，还是非常耗时耗力的，而且设计过程中经常会遇上怎么想也想不出很好的编码的情况。所以一般情况下，我们建议先参考之前大师们和前辈们的编码。如果觉得他们的编码符合自己的理解就直接拿来用，如果觉得不适合自己就重新设计。这样就可以减少一大半的工作量。（友情提示：如果想参加脑力竞技的比赛，去争取世界记忆大师的头衔或者更好的成绩，建议大家去找专业的竞技教练。千万不要自己在家闷着头练习，否则会走很多的弯路。）

这里给出国内部分记忆大师常用的数字编码，供大家参考。

00：眼镜、闹钟、玲玲、元旦、零蛋、手镯、胸罩、望远镜

01：天线、灵异、冬衣、灵药、羚羊

02：玲儿、冻耳、令爱、栋梁、冬粮、铃儿

03：水杯、零散、东山、灵山、灵珊

04：零食、领事、董事、淋湿、旗子

05：领舞、动物、动武、东屋、铃鼓、灵物、钩子

06：领路、东流、冻肉、灵鹿、哨子、榴梿

07：令旗、拎起、动气、镰刀

08：篱笆、淋巴、邻邦、麻花、葫芦

09：菱角、灵枢、勺子、领教

10：棒球、衣领、要领、窑洞

11：筷子、一亿、哟哟、石椅

12：婴儿、英儿、一两、要粮

13：医生、衣衫、移山、一扇

14：钥匙、要死、咬死、仪式、一寺、遗失

15：鹦鹉、衣物、义务、医务、遗物、药物

16：石榴、一流、遗留、遗漏、一路

17：仪器、一起、义气、一汽

18：泥巴、一霸、一把、摇把、哑巴

19：药酒、石臼、依旧、要酒

20：耳环、耳洞、自行车、鸭蛋、两洞、两幢

21：鳄鱼、二姨、恶意、安逸、耳语

22：双胞胎、暗暗、爱爱、量量、晾晾

23：和尚、暗杀、扼杀、爱上

24：盒子、饿死、碍事、暗室、儿时

25：二胡、耳闻、安慰、安稳、额外

26：二柳、二楼、耳肉

27：耳机、暗器、爱妻、儿媳

28：恶霸、俺爸、荷花、饿吧

29：二舅、阿胶、鹅脚、二酒

30：三菱、山洞、三轮车、三十岁

31：鲨鱼、三姨、山芋、上衣、善意

32：扇儿、仙鹤、山梁、伞儿

33：伞伞、珊珊、扇扇、散散、山山

34：山石、绅士、膳食、善事、山势

35：珊瑚、散雾、山谷

36：山路、山鹿、山麓、上流、上楼

37：三七、山鸡、生气、疝气、山区

38：妇女、沙发、伤疤、三把

39：三舅、山脚、散酒

40：司令、四轮、小汽车、奥迪

41：司仪、四姨、死鱼、丝衣

42：柿儿、撕耳、银耳、思儿

43：雪山、死山、四扇、四伞

44：狮子、石狮、死尸、石室

45：水壶、水母、食物、丝物、饰物

46：饲料、石榴、撕肉、四柳

47：司机、死棋、湿气、石器

48：雪花、驷马、石坝、石马

49：石臼、四舅、雪球、四酒

50：五环、武林、武士、巫师、舞狮

51：五一、舞艺、武艺、五姨、我要

52：吾儿、木耳、捂耳、五儿

53：乌纱、乌山、牡丹、钨砂

54：武士、钨丝、舞狮

55：呜呜、木屋、屋屋、捂捂

56：蜗牛、物流、涡流、我牛

57：武器、雾气、母鸡、木器

58：苦瓜、舞伴、无霸、我爸

59：五角星、五舅、捂脚、木角

60：榴梿、六连环、留恋、流量

61：六一、蝼蚁、牢狱、摇椅

62：驴儿、驴耳、刘海、六两

63：流沙、流散、硫酸、六扇

64：流食、律师、螺丝、历史、理事

65：露骨、颅骨、锣鼓、流亡

66：露露、姥姥、绿豆、溜溜

67：楼梯、漏气、陆战棋、撸起

68：喇叭、腊八、萝卜、刘邦、留疤

69：猎狗、烈酒、辣椒、拉脚、漏酒

70：麒麟、欺凌、骑士、启示、奇石

71：奇异果、七一、奇鱼、骑鱼

72：妻儿、企鹅、弃儿、旗儿

73：鸡蛋、奇山、奇伞、鸡散

74：骑士、气势、奇石、气死

75：起舞、器物、奇物、奇屋

76：气流、骑驴、奇柳、奇楼

77：漆器、机器、棋棋、奇器

78：西瓜、旗袍、气泡、奇葩

79：气球、祈求、妻舅、奇酒

80：巴黎、百灵、白磷、柏林、花环、巴士、宝石

81：白蚁、白药、白衣、八一建军节、布衣

82：把儿、八两、白脸、白垩、白鸽

83：花生、宝山、宝扇、白鲨、爬山

84：巴士、84消毒液、宝石、白蛇

85：宝物、蝙蝠、巴乌、宝屋

86：白露、白鹭、白柳

87：白旗、宝鸡、巴西、把戏、八旗

88：爸爸、拜把、宝宝、粑粑

89：白酒、芭蕉、八角、把酒

90：酒瓶、酒令、丘陵、酒食、旧诗

91：球衣、酒意、就医、旧衣、旧椅

92：球儿、旧案、韭儿、救儿

93：旧伞、巨鲨、九三学社、救伞、救生圈

94：狗食、教师、礁石、狗屎

95：救火、救我、旧货、旧物、九五

96：酒肉、酒楼、酒篓、旧楼

97：酒器、酒气、酒起、九七香港

98：酒吧、酒保、旧报、酒包

99：舅舅、酒酒、旧酒、九十九朵玫瑰、啾啾

除了这100个两位数字编码，有时候还需要再定义10个一位数字编码。

1：树、烟囱、笔、牙签、火柴棍、扁担

2：鸭子、龙舟

3：耳朵、弹簧、鼻子

4：红旗、三角旗、寺

5：钩子、秤钩、哭、屋

6：哨子、豆芽、蝌蚪

7：旗、镰刀、手枪、拐杖

8：麻花、葫芦、爸

9：勺子、蝌蚪、舅

0：鸡蛋、光盘、圆环、气泡、小球

这10个一位数字编码要与两位数字编码中的"00、01、02、03、04、05、06、07、08、09"的编码区别开来。

一位数字编码虽然用的时候非常少，但是在学科知识的记忆或者日常生活中偶尔用到时会非常方便。比如，要记的数字是三位数字，如"729"，或者是五位数字，如"28936"，这时候用两位数字编码就有些别扭，总会在最后留下一位数字不好处理。有了个位数的数字编码以后，就可以轻松地解决这个问题了。

接下来，请大家尽快设计出属于自己的数字编码表吧。（建议：刚开始建议大家用铅笔填写或者另找纸张来填写。因为随着后期的应用，可能有部分编

第四章 数字编码与数字桩

码需要做修改和优化。）

数字	图像	数字	图像	数字	图像	数字	图像	数字	图像
00		20		40		60		80	
01		21		41		61		81	
02		22		42		62		82	
03		23		43		63		83	
04		24		44		64		84	
05		25		45		65		85	
06		26		46		66		86	
07		27		47		67		87	
08		28		48		68		88	
09		29		49		69		89	
10		30		50		70		90	
11		31		51		71		91	
12		32		52		72		92	
13		33		53		73		93	
14		34		54		74		94	
15		35		55		75		95	
16		36		56		76		96	
17		37		57		77		97	
18		38		58		78		98	
19		39		59		79		99	

第三节 一秒即反应出图像

数字编码制订好以后，并不可以直接拿来用。我们制订数字编码的目的是帮助记忆数字相关的信息，所以使用前需要先把这100个数字对应的图像编码熟记于心。

熟到什么程度呢？答案是：反应时间不超过1秒。就是说从眼睛看到数字到大脑中产生与其对应的清晰图像，这个时间不能超过1秒。有人会觉得这也太快了，1秒？那不是等于没有反应时间吗？

是的，我们这里强调的"1秒"还是最基本的要求，是属于练习阶段的要求，仅能满足学科记忆的需要。对于竞技记忆来说，"1秒"根本就不能满足需要。记忆大师的数字编码读码反应时间大多在0.2秒左右，甚至更快。关于记忆大师们是如何训练到这么快的速度，我们会在后面的章节中跟大家分享。这里先来解决第一步，即如何做到"1秒"反应。

数字编码的记忆可以借鉴以下几种方法。

一是按顺序记忆编码。采用串联联想的方法，从"00"的数字编码图像开始，依次串联至"99"，然后反复在大脑中回忆。边回忆边强化对应的数字。

二是回忆串联图像。争取把回忆100个图像的时间由10分钟缩短到2分钟、1分钟、30秒、20秒，甚至更短。同时还要练习倒序回忆100个图像。

三是找到无规律的数字（如圆周率），两位两位地进行读码训练。所谓读码训练，就是眼睛看到两位数字（如46），大脑中要尽快反应出对应的编码图像（饲料）。采用计时的方法来督促自己，不断地提升读码的速度。

刚开始训练时，不论是串联联想图像的回忆，还是随机数字读码的回忆都会非常慢，甚至会出现几秒、十几秒都回忆不出图像的情况，这是很正常的。要坚持训练，反复训练。一般情况下，经过几天时间，平均读码时间就能达到1~2秒。

在训练的初期，很多编码图像并不是特别清晰，一定程度上还停留在声音记忆阶段。比如，"46"对应的编码图像是"饲料"，但初期大脑中浮现的是"sì liào"这一读音，而非饲料的图像。有时虽然也会产生一个图像，但很模糊。想要反应更快，就必须把这个声音去掉，让图像更清晰。这个过程有点像快速阅读训练中的"消声"训练，也有人管它叫"革除默念"。

那在数字编码记忆的过程中，如何才能达到"消声"的境界呢？这就需要对数字编码进行一系列的优化。

第四节　数字编码的优化

数字编码的优化除了要达到"消声"的目的，还是为了更好地提高图像的清晰度和区别度。特别是对很多非常相似、容易混淆的编码，一定要进行优化。

哪些是容易混淆的编码呢？

如果在编码中用到"驴儿"，但同时又用到"牛、马、羊"，甚至还用到了"鹿、犀牛、狗"等各种家畜和野兽，那么在后期应用的过程出现混淆是在所难免的。同样地，如果编码中有"鸽子、鹦鹉、燕子、仙鹤、天鹅"等各种鸟类，它们的图像具有很大的相似性，也很难保证不出现混淆的现象。还有就是对于编码中出现的所有和人物有关的编码，如"司机、教师、司仪、司令、二姨、三舅"等，这些编码虽然都是形象词，但是不够具体。"司机"应该是什么样子？没有人对司机的形象做过标准的定义，男女老少都可以是司机，高矮胖瘦的人也都可以是司机。那司机具体应该是什么样子呢？不知道。

所以，这时候就需要自己来定义一个具体的司机形象。比如，你可以用某部影视作品中的某个赛车手的角色形象来定义"司机"，或者用实际生活中你最熟悉的一个亲人或者朋友的形象来定义"司机"。比如，你的表哥是一个大货车司机，那数字"47"对应的编码图像就是你的这位"表哥"。这就是人物编码的具体化。同样，其他与人物相关的数字编码都要找到一个具体的人物形象来代表，这样才能让这个编码的图像更加清晰。

另外还有一种方法，就是把人物编码物品化。以刚才的"司机"为例，司机是一个职业，这个职业的特点就是"开车"。当然我们可以直接用一辆车来代表"司机"，这是最简单直接的办法。但是有时候这样的替换会导致冲突，比如"40"的编码也是汽车。为了避免这种冲突，我们可以重新找一个物品来定义"司机"，如"方向盘"。也就是说，数字"47"对应的编码图像是"方向盘"。这也是一种比较好用的将数字编码图像具体化的方法。同样，司仪可以用"话筒"来代表，老师可以用"黑板"来代表，医生可以用"听诊器"来代表，等等。

还有一种优化方法是找到编码图像的突出特点，并对它进行夸张和放大。比如，数字"21"对应的图像编码是"鳄鱼"，而还有一个数字的图像编码是"壁虎"，那这时候如何来区别这两个图像呢？

找到这两个图像最显著的特点，并强化它们。比如，对于鳄鱼这个图像，就特别强调它张开的大嘴；而对于壁虎这个图像，就刻意强调它那条经常会从身体上断下来的尾巴。经过反复地这样强化、放大、强化、放大之后，这两个图像在大脑中留下的形象就只剩下"嘴"和"尾巴"了。也就是说，这时候编码的实际图像不再是一只完整的"鳄鱼"或者"壁虎"了。

对于其他的编码也一样，即使没有与之相似的图像，也可以刻意去强调图像中的一个比较有代表性的部分。比如《西游记》的四个主人公，经过优化后就变成：一根金箍棒或者一条虎皮裙（孙悟空）；大铁耙、大耳朵或者大肚子（猪八戒）；月牙铲或者脖子上挂的念珠（沙僧）；袈裟或者那顶方方正正的帽子（唐僧）。

编码的图像越优化，其图像越简单，而它的"名字"就越复杂。这是什么意思呢？比如"鹦鹉"，这既是一个图像，又是一个声音信息"yīng wǔ"。我们需要做的是什么？就是把这个图像的声音信息忘掉，只在大脑中留下一只五彩斑斓的鸟儿的形象，至于它叫"鹦鹉"还是"鹦六"都不去关心。它就是一个这样颜色、这种形状的图像。

但是受阅读和朗读习惯的影响，我们在回忆和形成这个图像的时候，总是不自觉地在脑内形成声音信号。那如何让大脑不再有这个发声的过程呢？

其实，最简单有效的方法就是通过提速来强制大脑无法完成发声的过程。记忆大师在训练过程中，会采用软件来强制每秒读三组甚至五组数字，让大脑根本没有时间发音。而如果没有参加竞技比赛的计划，只是想为学科记忆或者工作生活服务，那可以通过将图像编码的名称故意复杂化来干扰发声。比如，根据上面我们讲到的优化原则，在想象"鹦鹉"的图像时，刻意在大脑中强调鹦鹉的嘴部形象。（这个部位在学术上是有一个专业名称的，但是为了让大家更好地理解这种方法，我们就不提这个专业的名称了。）这时候可以给这个图像编码取一个冗长的名字，如"与其他的鸟不一样的特别突出的弯弯的像钩子一样的嘴"。

故意把图像编码的名字取得这么长，就是为了更好地避免在回忆图像的时候不自觉地读出"yīng wǔ"这个音。当图像编码的名字足够长、足够复杂、足够拗口的时候，大脑就实在懒得再去纠结这个图像应该叫什么名字了。这时候，再看到"15"这组数字，大脑就会自然地把那个冗长的名字过滤掉，只剩下一个清晰的"与其他的鸟不一样的特别突出的弯弯的像钩子一样的嘴"的图像信息了。

编码优化的另一过程，是通过一段时间的记忆和应用，找出那些经常出错、反复出错的编码。比如，最初把"45"定义为"食物"（如馒头、米饭、面包等），但是在后期回忆和读码的时候，总是卡在"45"这个数字上半天反应不过来，或者在后期记忆训练的过程中，只要遇到"45"这组数字，就会忘记图像或者记错，这时候就要考虑更换"45"的数字编码了。可以根据前文中讲的设计数字编码的几个原则，换一个图像作为它的数字编码。比如，可以换成"水母、水壶、丝物、石屋"等完全不一样的图像。大部分情况下，当换一个全新图像之后，之前总是卡在这个数字的情况就解决了。

但是不建议大家频繁地更换编码图像，因为每一次的更换都可能导致很多问题。比如，将"食物"换成"石屋"看上去没什么问题，但是另一个编码采用了"木屋"这个图像，这时候就有可能出现两个图像编码混淆的现象。

所以，在更换的时候一定要谨慎，尽可能避免更新的图像与原有的其他数字编码图像有相似性。此外，频繁地更换对熟悉编码也会有一定影响。只有在确实总是在某个编码上出错的时候，才尝试更换，且更换后应尽快通过读码训练、记忆训练去测试这个新的编码图像的牢固性。

总之，编码的优化是个漫长、艰难的过程。只有在训练和应用的过程中不断地发现问题，慢慢修正和纠正，不断地调整，才能逐渐达到图像编码的最优化。但是一旦拥有了一套属于自己的最优化的数字编码系统，那就拥有了超强记忆的最有力武器。

数字编码制订好后，快速熟悉和记忆数字编码的方法就是读码。其中，利用圆周率这种无规律数字练习是最好的方法。

第五节　用数字桩记三十六计

什么是数字桩呢？就是直接拿数字编码的图像来作地点桩的一种方法。比如，利用数字桩的最典型例子是记忆"三十六计"。

胜战计	攻战计	并战计
第一计：瞒天过海 第二计：围魏救赵 第三计：借刀杀人 第四计：以逸待劳 第五计：趁火打劫 第六计：声东击西	第十三计：打草惊蛇 第十四计：借尸还魂 第十五计：调虎离山 第十六计：欲擒故纵 第十七计：抛砖引玉 第十八计：擒贼擒王	第二十五计：偷梁换柱 第二十六计：指桑骂槐 第二十七计：假痴不癫 第二十八计：上屋抽梯 第二十九计：树上开花 第三十计：反客为主
敌战计	混战计	败战计
第七计：无中生有 第八计：暗度陈仓 第九计：隔岸观火 第十计：笑里藏刀 第十一计：李代桃僵 第十二计：顺手牵羊	第十九计：釜底抽薪 第二十计：浑水摸鱼 第二十一计：金蝉脱壳 第二十二计：关门捉贼 第二十三计：远交近攻 第二十四计：假道伐虢	第三十一计：美人计 第三十二计：空城计 第三十三计：反间计 第三十四计：苦肉计 第三十五计：连环计 第三十六计：走为上计

我们要求按顺序记忆这三十六计，并且能做到正背、倒背和抽背。何为抽背？就是随便说一个数字，如"21"，就可以立即答出"金蝉脱壳"。同样，反过来问："树上开花是第几计？"马上能回答"第二十九计"。如何能快速地从脑海中寻找到答案呢？

虽然用前面我们讲到的实景桩、虚拟桩、身体桩及文字桩，也可以做到这一点，但是最大的缺点是查找速度慢，而数字桩就很好地解决了这个问题。数字桩不需要从第一个桩或者标志桩开始依次向后寻址，只要数字编码的图像熟悉了，就可以直接跳到对应的地点桩上。那数字桩是如何应用的呢？

先把数字编码对应的图像直接作为地点桩的图像；再把需要记忆的内容转换成图像；然后对两个图像进行串联联想，形成一个图像联结。比如，三十六计的第一计是"瞒天过海"，而数字"01"对应的编码图像是"铅笔"，这时候就可对这两个图像进行串联联想：一支巨大的铅笔从海面上飘过，上面是滚滚乌云，下面是波浪滔天。这支铅笔在瞒天过海。经过这样的图像串联以后，图像"铅笔"就和"瞒天过海"的场景联结到一起了。

在进行图像联结之前，首先要把每个计谋的四个字转换成一个生动、形象、便于回忆的场景。当然，这里可能有很多的朋友会提出一个疑问："这根本不是三十六计表达的本意啊，这样不会影响对三十六计的理解吗？"起初我也质疑过，后来经过实践证明，记忆是记忆，理解是理解。在理解三十六计的时候，大家可以参考一些相关的文献资料。但在记忆的时候，完全可以找一些便于你回忆出原文的图像。

比如，第三十四计"苦肉计"的本意是"故意毁伤身体以骗取对方信任，从而进行反间的计谋"。在记忆的时候，可以对应转换一个与原文意思相关的场景，比如两个卧底故意相互殴打的场景。但是更便于记忆的转换图像是"苦瓜炒肉"。只需要在大脑中想象出一盘苦瓜炒肉的样子，我们就可以轻松地回忆起"苦肉计"这三个字了。

以下给出三十六计的记忆策略，仅供大家参考。

1.胜战计

瞒天过海（01—铅笔）❶：一支铅笔在瞒天过海。

围魏救赵（02—铃铛）：一堆铃铛围了个圈，为的是中间的一张旧照（救赵）。

借刀杀人（03—弹簧）：弹簧上面装了一把刀。

以逸待劳（04—旗子）：一堆人在旗子下倚着椅子（以逸）等待分配劳动任务。

趁火打劫（05—钩子）：趁别人库房着火，用钩子去抢东西。

声东击西（06—哨子）：冲着东边一吹哨子，然后转身朝西边跑。

2.敌战计

无中生有（07—镰刀）：用镰刀在地里刨啊刨，刨出来好多宝贝。

暗度陈仓（08—葫芦）：一只葫芦趁着夜色顺江而下，漂到了一个陈旧的仓库。

隔岸观火（09—炒勺）：在河对岸看一个厨师生火做饭。

笑里藏刀（10—棒球）：棒球上有个笑脸，背面有一把刀。

李代桃僵（11—筷子）：两根筷子，一根上插着桃子，一根上插着李子。

顺手牵羊（12—婴儿）：一个婴儿一边爬一边牵着一只羊。

3.攻战计

打草惊蛇（13—医生）：一个医生在用听诊器打草惊蛇。

借尸还魂（14—钥匙）：把钥匙插到一个尸体上一拧，尸体就一跳一跳的。

---

❶ 注：括号中为作者所用数字编码，读者可以自行替换为自己习惯使用的编码，并进行串联联想。所用的编码并不影响记忆效果。

第四章 数字编码与数字桩

调虎离山（15—鹦鹉）：鹦鹉带着老虎朝山下跑。

欲擒故纵（16—石榴）：故意在路上摆放好多石榴，谁来拿就抓谁。

抛砖引玉（17—仪器）：扔一块砖把仪器砸碎了，里面有好多玉。

擒贼擒王（18—麻花）：用一根巨大的麻花把贼王砸晕了。

4.混战计

釜底抽薪（19—斧头）：一把斧头下面压着好多好多钱。

浑水摸鱼（20—鸭子）：鸭子在水里游来游去是想把水搞浑了好摸鱼。

金蝉脱壳（21—鳄鱼）：鳄鱼咬住了一只金蝉，金蝉脱掉壳跑了。

关门捉贼（22—双胞胎）：一对双胞胎从外面把贼锁在屋里。

远交近攻（23—和尚）：一个和尚到很远的郊外去进攻别人。

假道伐虢（24—盒子）：用一个精致的盒子当作嫁妆嫁到法国。

5.并战计

偷梁换柱（25—二胡）：屋梁被偷了，为了安全，临时把二胡支撑到上面。

指桑骂槐（26—二柳）：两棵柳树旁有两个人，一个在指桑树，一个在骂槐树。

假痴不癫（27—耳机）：某人戴着耳机假装痴呆，还走一步颠一下。

上屋抽梯（28—恶霸）：一个恶霸爬上屋顶，还顺手把梯子抽走了。

树上开花（29—红酒）：把一杯红酒往树上一倒，树上立刻开出来好多花。

反客为主（30—三轮车）：客人嫌弃主人骑车太慢，跑到前面骑车。

6.败战计

美人计（31—鲨鱼）：鲨鱼上坐着一个美人。

空城计（32—仙鹤）：一只仙鹤守望在一座城的城门上。

反间计（33—雨伞）：雨伞被风吹翻了，间谍就这样暴露了身份。

苦肉计（34—山石）：用一块山石砸碎一盘子苦瓜炒肉。

连环计（35—555牌香烟）：拿出555牌香烟，每抽一根就想出一个计策。

走为上计（36—山鹿）：一只山鹿突然转身向山上走去。

在实际记忆的过程中，可以按照个人的熟悉程度自由掌握进度。可以分三次记完，每次记十二计，然后复习回忆一遍，再继续记下一个十二计。也可以分两次记完，先一口气记十八计，然后回忆一遍，再记忆后十八计。

回忆的时候，可以先按顺序来回忆。从数字01开始，一个图像一个图像地回忆与之相联结的图像，并回忆出三十六计的原文。也可以从第三十六计开始倒着回忆。为了更加熟悉，可以找朋友对自己进行提问。可以先提问数字，自己根据记忆去回忆对应的内容；也可以让提问者说出计谋，然后根据内容去回忆与之联结的图像，并说出图像对应的数字。

数字桩除了可以用于记忆三十六计，还可以用于记忆满汉全席的菜谱，化学元素周期表，各个国家的国旗、国歌等，只要是有顺序且总数量不太多的内容，都可以用数字桩轻松应对。在后面的应用章节中，我们会为大家进一步地介绍。

第五章

各学科针对性记忆策略

前面几章和大家一起了解了宫殿记忆法的基础知识，以及图像技术、编码技术和定桩技术的一些基本用法。这一章主要和大家一起探讨如何把上面的这些技术应用到学科知识的学习和记忆中。

说到学科知识的记忆，我们经常会联想到一个字——"背"。很多家长在聊起自己孩子的时候，经常会说这样的话："我们家孩子太懒了，不愿意背！"这些被家长们贴了"因为太懒所以不背"标签的孩子，文科类的学习成绩普遍不是太好。语文、历史、政治，包括初中地理和生物的大部分知识属于记忆类型的知识。到了高中以后，生物课程被划分到理科类，而地理则是一门半文半理的课程。

那是不是只有文科类的知识才能用宫殿记忆法来记忆呢？对于不同类型的学科知识的记忆有哪些不同的技巧和方法呢？

在这一章的内容中，将会为大家一一解答。

第一节　五步记忆古诗文

古诗文是语文学科的一个大项。到了初中，特别是高中以后，古诗文所占的比重更大。因此，古诗文的记忆是语文学科记忆中最重要的一部分。

当然，语文学科中除了古诗文的记忆，还有文学常识的记忆。比如，某位作家的作品、某个时代著名的文学家，这些知识也属于记忆类型的知识点，但是与古汉语的记忆相较来说，这些知识的记忆就显得容易得多。

这一节我们和大家重点探讨如何用宫殿记忆法快速高效地记忆古诗文。

相对而言，古诗是最好记忆的。因为它们一般读起来朗朗上口，比较押韵。但是有一些长诗记忆起来就不那么容易了，比如非常有代表性的《琵琶行》《长恨歌》，以及《诗经》里的很多作品。但是越是记忆难度大的文章，越能彰显宫殿记忆法神奇的记忆能力。下面，我分别与大家探讨不押韵的古诗文和押韵的古诗文是如何记忆的。

无论古文还是古诗，在记忆的过程中一般按照朗诵、翻译、分段、设计地点桩和按段落转图定桩五个步骤进行。

下面以《念奴娇·赤壁怀古》为例，为大家说明以上五步分别是如何进行的。

一、记忆不押韵的古诗文

念奴娇·赤壁怀古

宋　苏轼

大江东去，浪淘尽，千古风流人物。故垒西边，人道是，三国周郎赤壁。乱石穿空，惊涛拍岸，卷起千堆雪。江山如画，一时多少豪杰。

遥想公瑾当年，小乔初嫁了，雄姿英发。羽扇纶巾，谈笑间，樯橹灰飞烟灭。故国神游，多情应笑我，早生华发。人生如梦，一尊还酹江月。

1.朗诵

为什么要朗诵？朗诵有两个目的：通过朗诵确保原文中所有字的读音都是正确的，避免因为粗心读错；通过朗诵来刺激耳朵，形成这篇文章在大脑中的第一层记忆——"声音记忆"。

一般情况下，这一步要求达到的程度是"熟读"。熟到什么程度？这个没有严格的标准,当然是越熟越好。但如果眼睛看着原文还不能自然、流利地朗读的话,肯定还需要花时间再多读几遍。

不过,有一个最基本的要求,那就是"认真地、大声地读三遍"。如果您连三遍都没有认真读过,很难保证在后面的记忆环节取得非常好的效果。

2.翻译

严格意义上讲,这一步并不是由记忆法来解决的问题。但大家是否还记得,大脑的记忆模式中有一种叫"逻辑记忆",即我们平常所说的"先理解再记忆"。倘若还不能很好地理解一篇古诗文的意思,那记忆起来难度就会很大。

当然,并不是说不理解就无法记忆。湖南的赵静博士运用这种方法成功记下了《楞严咒》。大家知道,像这种根据梵文音译出来的作品是完全无法理解的,但同样可以用宫殿记忆法把它们熟记于心。

如果很好地理解了原文的意思,将会对后面的转图和回忆有很大的帮助。特别是在学习古汉语时,大家一定要花时间来认真地理解原文的意思,因为毕竟我们学习这些古文的目的并不是单纯的记忆。

3.分段

这里所说的分段,并不是分析一篇文章的分段。这里所说的分段,是为了方便下一步利用宫殿记忆法,把一篇长的文章分为适当的小段。每个小段能够转换成一个图像组合或者一个场景,并存储到地点桩上。

分段的时候,内容不宜过多。以一个长句或者两三个短句为一段,每个段落的字数建议控制在20个字以内。

比如这篇文章可以按以下的方式进行分段。

第1段：大江东去，浪淘尽，千古风流人物。

第2段：故垒西边，人道是，三国周郎赤壁。

第3段：乱石穿空，惊涛拍岸，卷起千堆雪。

第4段：江山如画，一时多少豪杰。

第5段：遥想公瑾当年，小乔初嫁了，雄姿英发。

第6段：羽扇纶巾，谈笑间，樯橹灰飞烟灭。

第7段：故国神游，多情应笑我，早生华发。

第8段：人生如梦，一尊还酹江月。

在练习这种方法的初期，每段的字数尽可能少。这样虽然会占用更多的地点桩，但是由于每个地点桩上存储的图像更加简单、清晰，记忆的难度会降低。随着自己熟练程度的增加，可以逐渐增加每段的字数，提高记忆的效率，减少占用地点桩的数量。

4.设计地点桩

记忆这类古诗文，可以利用之前储备的地点桩，如房间图。随便找一个房间，从中选择8个地点桩就可以了。这种方法简单、易行。"但我如何记住这篇文章保存到哪个房间了呢？"这就需要再进行一些额外的图像联结，来帮助自己记住每篇文章存放的位置。

当然，更好的策略是根据文章的主题重新策划地点桩。比如本文的主题是"赤壁怀古"，就可以按这个主题去策划地点桩。有两种简单易行的方法。

一是自己手绘。根据原文的意思，手绘一张地点桩草图，并在草图上找到足够的可用地点。对于本文来说，按照上面已经分好的段，需要8个地点桩。

二是到网络上搜索与这个主题有关的图片。比如下面这些图片，都可以作为地点桩来用。

上面三张图虽然并不完全符合原文"赤壁怀古"的意思,但是因为有些关联,在后期回忆的时候,是很容易联想起这些图片的。

我们就以最后一幅图为例,从上面找到8个可用的地点桩。

上图中的8个地点桩分别是：山顶部位，中间光滑的峭壁，左边房子的顶部，房子前面的护栏，深红色的植物，绿色的大树，白色的汽车，石头垒成的墙。

地点桩设计完成后，尽快熟悉一下地点桩，做到能闭上眼睛准确无误地按顺序回忆每个地点桩的图像。再次强调，回忆的是图像。所以我故意把地点桩的名字取得"又臭又长"。

5.按段落转图定桩

这是最关键的一步。这一步严格讲可以分成三个步骤：找出关键字、关键字转图、与地点桩进行联结。运用熟练之后，可以一气呵成地完成这三步。

先来找出合适的关键字。

第1段：**大江**东去，**浪淘**尽，千古**风流人物**。

第2段：**故垒**西边，人道是，三国周郎赤壁。

第3段：**乱石**穿空，**惊涛**拍岸，卷起千堆雪。

第4段：江山如**画**，一时多少**豪杰**。

第5段：遥想**公瑾**当年，小乔初嫁了，**雄姿**英发。

第6段：**羽扇**纶巾，**谈笑**间，**樯橹**灰飞烟灭。

第7段：**故国神游**，多情应**笑我**，**早生华发**。

第8段：人生如**梦**，一尊还酹**江月**。

为什么选用这些作为关键字呢？关键字的选择是没有标准的，能帮助自己回忆起原文就可以作为关键字。比如，在"遥想公瑾当年，小乔初嫁了，雄姿英发"这一段中，可以选择"遥想"和"嫁"作为关键字，也可以选择"当年"和"小乔"作为关键字。那究竟哪种选择更好呢？最简单的判断方法是只把关键字列出来，然后尝试回忆原文的内容。这里有个前提，那就是已经认真地完成了"朗诵"的步骤。

现在大家可以根据下面的关键字，尝试回忆一下原文。

第1段：大江，浪，风流人物。

第2段：故垒，人，三国。

第3段：乱石，惊涛，雪。

第4段：画，豪杰。

第5段：公瑾，小乔，雄姿。

第6段：羽扇，谈笑，樯橹。

第7段：故国神游，笑我，早生。

第8段：梦，江月。

如果你还不能正确地回忆出原文，可以再快速朗诵原文几遍。如果依旧有困难，请尝试更换其他的关键字。

完成这一步后，就可以把关键字转成图像，与地点桩进行联结了。

地点桩	关键字	图像
山顶	大江，浪，风流人物	山顶一条大江，大浪里卷着一个风流人物（想一个代表人物即可）
峭壁	故垒，人，三国	峭壁上建了一个古垒，里面站着一个人，手里托着一个三国的小沙盘
房顶	乱石，惊涛，雪	房顶上乱石落下，惊涛掀起，大雪纷飞
护栏	画，豪杰	护栏上装着一幅很大的画，画上面画的是豪杰（想一个代表豪杰的人物）
红植	公瑾，小乔，雄姿	这棵红色的植物上站着两个人（公瑾和小乔），两人托着一只雄鸡（雄姿）
大树	羽扇，谈笑，樯橹	大树上挂着一把超大的羽毛扇，扇子上有人在谈笑墙炉（樯橹）

第五章 各学科针对性记忆策略

续表

地点桩	关键字	图像
汽车	故国神游，笑我，早生	开着汽车到古国（故国）去神游，还边游边笑："我要是早生几年多好啊！"
石墙	梦，江月	靠在石墙上做梦，梦到江上升起月亮

如果你对原文理解得比较充分，而且有一定的古诗文功底，可以直接按原文的意境进行转图，省去提取关键字的环节。比如，根据"乱石穿空，惊涛拍岸，卷起千堆雪"这一句，可以想象出画面，直接与"房顶"这个地点桩联结就可以。

到现在为止，古诗文记忆的主要工作算是完成了。但这并不代表着你已经永远地记住了这首词，后期还要通过不断地回忆和复习来强化和细化大脑中的记忆。强化，就是通过复习使记忆更加牢固，防止遗忘；细化，就是通过回忆使记忆更精准，每一句、每个字都准确无误。

回忆一般可以通过以下三个步骤来完成。请你补充下列缺少的内容，用笔写在括号或横线上。

第一步，回忆地点桩及上面的图像。

地点桩1：（　　）

地点桩2：（　　）

地点桩3：（　　）

地点桩4：（　　）

地点桩5：（　　）

地点桩6：（　　）

地点桩7：（　　）

地点桩8：（　　）

第二步，根据图像，回忆对应的关键字。

关键字1：（　　　　　　）

关键字2：（　　　　　　）

关键字3：（　　　　　　）

关键字4：（　　　　　　）

关键字5：（　　　　　　）

关键字6：（　　　　　　）

关键字7：（　　　　　　）

关键字8：（　　　　　　）

第三步，根据关键字，回忆对应的原文。

第1段：_____

第2段：_____

第3段：_____

第4段：_____

第5段：_____

第6段：_____

第7段：_____

第8段：_____

到了这一步，可能还有不少朋友觉得："不行啊，我还是不能一字不错地背出来，只能背出大概的意思。"这就已经很不错了，没有谁能只联结一遍图像就一字不错地全记下来。那怎么办？最简单的办法就是通过"速读速听"的模式来强化和细化。速读速听就是通过快速地读或者加速地听来刺激声音记忆。

可能有人会觉得："这不还是要靠死记硬背吗？"听起来好像是这样，

但实际不是。死记硬背可能刚开始时感觉记得特别熟,甚至比用上面的宫殿记忆法记得还要熟。但是按照"艾宾浩斯遗忘曲线"的规律,这些内容很快就会遗忘。遗忘得有多快呢?几十分钟以后会遗忘部分,一两个小时后就会遗忘多半,一天后就会遗忘得差不多了。

如果用宫殿记忆法呢?图像在大脑中保存的时间会相对长得多,而且稳定得多。一天以后,大脑中还会保存着残缺、模糊的图像。通过慢慢拼凑,仍然可以回忆出图像原来的样子,并根据图像慢慢回忆出关键字。一旦关键字回忆出来,那原文的大部分内容也会慢慢回忆出来。

所以,如果利用宫殿记忆法辅佐"死记硬背",就能如虎添翼。因为宫殿记忆法起到的作用,就相当于那个在旁边帮你提示每句话开头那几个字的人。

二、记忆押韵的古诗文

我们再来看一篇比较押韵的文章。

卫风·氓

氓之蚩蚩,抱布贸丝。匪来贸丝,来即我谋。送子涉淇,至于顿丘。
匪我愆期,子无良媒。将子无怒,秋以为期。乘彼垝垣,以望复关。
不见复关,泣涕涟涟。既见复关,载笑载言。尔卜尔筮,体无咎言。
以尔车来,以我贿迁。桑之未落,其叶沃若。于嗟鸠兮,无食桑葚!
于嗟女兮,无与士耽!士之耽兮,犹可说也。女之耽兮,不可说也。
桑之落矣,其黄而陨。自我徂尔,三岁食贫。淇水汤汤,渐车帷裳。
女也不爽,士贰其行。士也罔极,二三其德。三岁为妇,靡室劳矣。
夙兴夜寐,靡有朝矣。言既遂矣,至于暴矣。兄弟不知,咥其笑矣。
静言思之,躬自悼矣。及尔偕老,老使我怨。淇则有岸,隰则有泮。
总角之宴,言笑晏晏。信誓旦旦,不思其反。反是不思,亦已焉哉!

这首长诗由30句组成，每句2个短句，共8个字。我们可以按30个小段，找30个地点桩来记忆。

可以按照上面例子的方法，到网络上搜索一张相关的图片，并从上面找到30个地点桩。但是一般情况下，从一张图片上找出30个地点桩是有一定难度的。可以找三张有关联的图片，每张图上找10个地点桩。我曾经尝试直接用数字桩来记忆这首长诗。篇幅所限，我仅以前3句为例，为大家说明如何用数字桩来记忆这首长诗。

序号	数字桩	原文	联结图像
01	铅笔	氓之蚩蚩，抱布贸丝	一支巨大的铅笔上站着一个流氓，痴痴傻笑着抱着一块布，结果被猫撕了
02	铃铛	匪来贸丝，来即我谋	一个铃铛上飞来一顶帽子（贸丝），帽子里有块寄给我的木头
03	弹簧	送子涉淇，至于顿丘	弹簧上飞出来好多松子（送子）射向棋子，结果都停止在了一个冻球（顿丘）上

不知道有没有细心的朋友发现，在这个例子中我们并没有找关键字。这是因为这首诗的每句本来就只有四个字，可以直接按字面意思谐音转图。

现在大家来尝试回忆一下，看能不能正确地回忆出原文。

后面的27句作为练习留给大家自己去记忆吧。在刚开始练习的时候，建议大家每记10句（即10个地点桩）就暂停，快速复习回忆一遍。等以后熟练了，对图像的掌控能力变强了，可以尝试一口气记下30句全部内容。

请尝试用数字桩记忆《卫风·氓》的全文。

序号	数字桩	原文	图像
01		氓之蚩蚩，抱布贸丝	

第五章 各学科针对性记忆策略

续表

序号	数字桩	原文	图像
02		匪来贸丝，来即我谋	
03		送子涉淇，至于顿丘	
04		匪我愆期，子无良媒	
05		将子无怒，秋以为期	
06		乘彼垝垣，以望复关	
07		不见复关，泣涕涟涟	
08		既见复关，载笑载言	
09		尔卜尔筮，体无咎言	
10		以尔车来，以我贿迁	
11		桑之未落，其叶沃若	
12		于嗟鸠兮，无食桑葚	
13		于嗟女兮，无与士耽	
14		士之耽兮，犹可说也	
15		女之耽兮，不可说也	
16		桑之落矣，其黄而陨	
17		自我徂尔，三岁食贫	
18		淇水汤汤，渐车帷裳	
19		女也不爽，士贰其行	
20		士也罔极，二三其德	
21		三岁为妇，靡室劳矣	
22		夙兴夜寐，靡有朝矣	

续表

序号	数字桩	原文	图像
23		言既遂矣，至于暴矣	
24		兄弟不知，咥其笑矣	
25		静言思之，躬自悼矣	
26		及尔偕老，老使我怨	
27		淇则有岸，隰则有泮	
28		总角之宴，言笑晏晏	
29		信誓旦旦，不思其反	
30		反是不思，亦已焉哉	

第二节　记忆白话文

白话文的记忆与古诗文的记忆有很大区别。古诗文记忆一般要求一字不错，但白话文大部分要求相对宽松一些。虽然对于一些经典的文章也要求尽可能做到一字不错，但因为用词方面符合现在的语言习惯，所以相对来说记忆难度低一些。

白话文的记忆方法与古诗文相比，可以忽略"理解"这个过程，但更需要注重"关键字"这个环节。因此，白话文的记忆可以归纳为朗诵、分段、找关键字、设计地点桩和按段落转图定桩五个步骤。

我们以最经典的文章《荷塘月色》来为大家讲述如何用宫殿记忆法记忆白话文。

荷塘月色（节选）

朱自清

月光如流水一般，静静地泻在这一片叶子和花上。薄薄的青雾浮起在荷塘里。叶子和花仿佛在牛乳中洗过一样；又像笼着轻纱的梦。虽然是满月，天上却有一层淡淡的云，所以不能朗照；但我以为这恰是到了好处——酣眠固不可少，小睡也别有风味的。月光是隔了树照过来的，高处丛生的灌木，落下参差的斑驳的黑影，峭楞楞如鬼一般；弯弯的杨柳的稀疏的倩影，却又像是画在荷叶上。塘中的月色并不均匀；但光与影有着和谐的旋律，如梵婀玲上奏着的名曲。

1.朗诵

这一步还是要对大家做一些要求的，不要认为这一步很简单。如果你直接跳过不做的话，会对后面的记忆效果有很大的影响。所以，请读者们一定要自行认真朗诵一遍全文。

2.分段

并不是非要按照文章的自然段来分段，主要是按照内容的多少来设计方便记忆的段。段落太长的可以分为两段或者多段，如果原自然段很短，可以几个自然段合并为一个段。分段的目的是定桩，每个段的内容尽可能保存到一个地点桩上。这篇文章可以直接按原文的设计，分为十个小段。

3.找关键字

现代文的关键字不一定非得是主语、谓语、宾语，只要是那些能够帮助记忆的词语就可以。

比如，"月光如流水一般，静静地泻在这一片叶子和花上"这一句中，如果把关键字定义为"月光、叶子"等，似乎能够凸显句子的意思，但事实上并不一定能帮助记忆。因为整篇文章中多次出现了"月光、叶子"等，如果用这些关键字，很容易与其他的句子发生混淆。因此，在找关键字的时候，一定要找出有特点的、能够帮助回忆的关键字。比如，用"流水、泻"作为关键字，就比较能帮助回忆出这句话。

具体如何找关键字，每个人都有自己的理解。如何鉴定关键字是不是合理？只需要在找完关键字以后，看是否能根据关键字回忆出原文的内容。在节选的这一段文字中，我找出的关键字是"流水、泻、青雾、牛乳、轻纱、满月、恰到好处、两种睡、照、灌木、黑影、鬼、倩影、画、旋律、名曲"。

4.设计地点桩

从上面的例子中我们看出，一个小段的关键字就有十几个。如果把十几个关键字都转成图像存放在一个地点桩上，显然不合适。这种情况下，我们建议每个小段使用一组地点桩。

在选择地点桩的时候，最简捷的策略是直接到网络上搜索有关《荷塘月色》的图片。这些图片都要与《荷塘月色》的主题有关系，但互相之间要有明显的区别，以从每张图片上能找出5~10个地点桩为宜。

5.按段落转图定桩

这一步可以借鉴古诗文的记忆中该步骤的操作，也可以直接按照原文的意思转换成一个场景图定桩。

完成上面五步以后，还要按照前面所说的回忆方法进行回忆。第一遍回忆的时候，不可能做到一字不错。因为白话文和古诗文不一样，字数太多。一篇古诗文有两百字就算是比较长的文章了，但是白话文随便一篇文章也要五六百字甚至更多。所以，在用关键字定桩记忆法进行回忆的时候，很难做到一字不错。

为了能够更快地做到"一字不错"，最有效的方法就是速听。可以借助速听软件和设备，也可以通过自己快速小声读的方式来完成。再次强调，此过程和死记硬背的区别在于：死记硬背只是声音记忆，而我们在这个过程中要求边听读边同步在大脑中回忆地点桩和关键字转出来的图像。

练习：请用上面的方法尝试记忆《荷塘月色》全文。

第三节　英语单词的图像记忆法

一、传统的单词记忆方法

英语单词的记忆是英语学习的基础。现在有很多的英语单词记忆方法。从专业的角度讲，最科学的记忆方法是词根词缀法，这是最符合英语学习原则的记忆方法。但是由于词根词缀法相对有门槛，所以大家总想找一种更简单、易学、高效、轻松的记忆方法。

接下来我们要给大家介绍的图像记忆法，就是一种简单、易学、高效的记忆英文单词的方法。我们先来看一个用图像记忆法记忆英文单词的例子。

pest ［pest］ n. 害虫

传统的记忆方法是怎样的？重复再重复，反复地读、写，直到记住。可能需要读3遍，可能需要读5遍，也可能需要读20遍。读得多少，不仅要看单词的长短，还要看单词的复杂程度。非常不规律的单词记起来就难一些，简短或者由简单词派生出来的单词记忆起来就容易得多。

这样记单词有错吗？没有，而且科学证明重复是最正确的、最简单的记单词的方法。但它的致命缺点是慢，需要花费大量的时间。在节奏快的工作和学习中，实在少有人愿意每天把大量的时间用在记单词上。这种简单、机械、无聊的重复，很多人不愿意做。

有没有更简单、易学、高效、轻松，甚至有趣的英语单词记忆法呢？答案是肯定的。它就是图像记忆法。

二、单词的图像记忆法

那应该如何把单词转换成图像进行记忆呢？一般的方法是将单词的中文意思与英文拆分或变形谐音出来的意思进行串联，形成一幅组合的场景。依然以pest为例，为大家说明英语单词图像记忆的方法。

英语单词：pest

谐音：拍死它

中文意思：害虫

串联图像：看到一只害虫，一定要拍死它。

这时候一定要根据串联出来的内容，在大脑中形成一幅生动、形象、有颜色、有动作，甚至有声音、有感觉的图像。只要能在大脑中想起上面的这幅画，就可以轻松地记住这个单词了。下次再看到pest这个单词的时候，很容易根据读音想到"拍死它"，进而想到"害虫"。同样，如果想回忆"害虫"的拼写，就想起与"害虫"有关的一幅画面"拍死它"，这时候根据发音可以倒推出单词的原字母拼写是pest。怎么样？是不是只需要在大脑中记住一幅画面，这个单词就轻松地记下来了？

我们再来看几个比较有代表性的单词。

英语单词	中文意思	单词拆分	谐音转化	联想出图
palm	手掌，棕榈树	pa+l+m	怕+"老妈"的拼音首字母	怕老妈用手掌打我，于是爬到棕榈树上躲起来
vet	兽医	v+e+t	罗马数字"五"+鹅+伞	五只鹅在伞下排队等着看兽医
glove	手套	g+love	哥+爱	哥哥最爱的东西是手套

在记忆英文单词的过程中，有些固定的字母编码。比如：

字母	g	gg	d	dd	pr	ag	e
编码	哥	哥哥	弟	弟弟	仆人	阿哥	鹅

以上这些是按拼音首字母来进行编码的，当然还有按形状来进行编码的。比如：

字母	i	u	r	oo	s
编码	蜡烛	杯子	小草	眼镜	美女，蛇

英文字母和字母组合的编码跟数字编码不一样的地方是：数字编码一般是固定的编码，而英文字母的编码往往不固定，经常是一个字母出现在不同的地方使用不同的编码。有时候会根据拼音首字母来编码，有时候会根据形状来编码，有时候会根据单词发音来编码，有时候还会根据拆分的单词片段来编码。

对这种图像法记忆，很多人会有顾虑，他们觉得这样记单词会影响对单词本身意思的掌握。比如，tame的本义是"驯服的、驯养的"。为了记忆方便，我们把它拆分成"t+a+m+e"，前三个字母是"天安门"的拼音首字母，后面是"鹅"。于是在大脑中想象出"天安门前一只被驯养的鹅正在给行人做各种表演"的场景。之后每次看到tame这个单词，脑海中首先出现的是"天安门前的鹅"，而不是"驯服的、驯养的"。只有通过想象的联结，才能回忆出这个单词的本意。这似乎是走了一段弯路，是不是有些南辕北辙、画蛇添足的意思呢？

这种顾虑涉及记忆法应用的心态问题。第一，凡是靠理解就能自然记住的内容，不要启用记忆法，否则就是多此一举。第二，记忆法可以帮助你快速地记住单词，但是要达到熟练应用的目的，还需要反复地读写听说。

第一条非常好理解。比如，blackboard这个单词，如果我们之前就认识black

和board，那这个单词自然就记住了。这类的组合词还有很多，如basketball、weekend、starlight、schoolbag等。

对于那些像tame一样靠字母编码串联出图像，此类单词的记忆需要经历几个阶段。第一个阶段，串联图像和单词的原本意思发生联系。此时的反应速度非常慢。第二个阶段，反应很快，但总是反应出图像本身而并非单词的本意。第三个阶段，已经不需要辅助的图像，可以直接反应出单词原本的意思。

达到第二个阶段非常容易，一般情况下复习几次后就能做到根据中文写出英文，根据英文说出中文意思。但是在实际应用的时候，对单词原本意思的反应速度还不能满足快速阅读和写作的需求。

想要达到第三个阶段，即不需要辅助图像的阶段，需要"脱桩"。我们利用地点桩和关键词转图的方式背诵了一段古文或一首古诗。当反复听读以后，就慢慢能够达到自然地脱口而出的程度，而不再需要地点桩和图像的辅助。这个过程就是脱桩。

单词的记忆也是一样的，通过对单词读、写、听、说的反复应用，慢慢就会达到脱离辅助图像的程度，就跟之前我们用传统记忆方法记忆单词没什么区别了。那为什么我们还要绕一个大圈子，采用这种图像记忆法呢？

因为图像记忆法有它得天独厚的优势：

一是图像记忆法可以实现在短时间内快速记忆大量的单词。按传统的记忆方法，一小时记忆50~100个单词还能接受；如果一天记忆500~1000个单词，可能大部分人就做不到了。但是采用图像记忆法，已经有不少的大学生和记忆大师做到了一天记忆2000个以上的单词。

二是图像记忆不会出现彻底的遗忘。用传统记忆方法记忆的单词在遗忘的时候，往往是断片式的，什么也回想不起来。但图像记忆往往还能在大脑中留下一些残缺不全的图像，如果时间允许，可以慢慢把这些图像碎片在大脑中拼接起来，很有可能再次回忆起单词的内容。

三、英语单词记忆的策略

这里所说的策略，跟上面所讲的方法不是一个范畴。很多人记单词讲究的是"日积月累"。这个策略本身是没有错的，实际实施起来却是难上加难。对于小学、初中的学生来说，"日积月累"还勉强可行；但是对成人、大学生来说，能够做到的人就少之又少。

原因很简单，就是很少有人能真正做到坚持背单词。理论上，如果每天坚持背10个单词，一年就能背3650个。即使一天坚持背一个单词，十年也可以积累3650个。这是什么概念？从小学三年级开始，坚持每天背一个单词，到高考的时候，也可以记完3500个高考必背单词。

但事实上呢？有几个人能做到每天背一个新单词，坚持十年呢？几乎没有。何况，即使能做到，谁又能保证记过的单词不忘呢？所以，记单词不应该是个"日积月累"的过程，而应该是个"快速突破"的过程。

可能有些人会反对："不对啊，我上学期间就是日积月累啊。每天晚上回家都背单词，每周都有英语课。就是这样日积月累啊！"

但事实呢？我们每天晚上记单词是个重复的过程。一般情况下，每次都要记10~30个新单词，而且往往是一周或者两周的时间，总是在反复记这几十个单词。而不是把这几十个单词平均分配到这一两周的时间内每天记几个。这就是根本性区别。如果能把每次记忆的单词量再增加一些，就是我们为大家推荐的"快速突破"策略了。

策略一：快速突破

对于初中、高中的学生来说，建议利用假期时间，一次性把一学期要学的新单词全部记下来,甚至建议大家一次性把整个初中或者整个高中的全部单词一次性记下来。

记忆的时候,初中阶段建议大家每天记忆300~500个,高中阶段建议大家每天记忆500~800个。也就是说,3~5天时间记完所有初中单词,3~5天时间记完所有高中单词,一鼓作气地把所有单词记完。

可能有些人会问:"记这么快,能记住吗?"答案是:不能。那我们为什么还要这样记?

答案是:因为不管你用什么方法记,遗忘都是客观的发展规律。能记熟而且不忘的根本解决方法是重复到一定的次数,而不是每次记得少。也就是说,一个单词能不能记熟不忘,主要是看你曾经记了多少遍,而不是记了多少时间。比如,有些人喜欢一个单词记2分钟,至少写50遍,其实第二天该忘还是忘。但如果你每天就用10秒来写一遍,连着写50天呢?保证你再也不会忘了。

理解了这个道理,就知道为什么我们要快速突破了。

策略二:科学复习

不仅是记单词,任何信息的记忆都符合"艾宾浩斯遗忘曲线"的规律。遗忘的速度是先快后慢,在不同的时间段遗忘的速度不同。掌握了遗忘的规律,按这个规律去复习,就起到事半功倍的效果了。

我建议使用七次复习法,以时间为单位规划复习进度。每一次记忆的内容不超过30分钟,完成一次记忆的内容后立即复习。第二次复习时间是记忆完成后约一小时。第二天进行第三次复习。之后,间隔3~5天进行第四次复习,再间隔7~10天进行第五次复习,然后间隔15~20天进行第六次复习,最后间隔大约2个月进行第七次复习。经过这样的七次复习,基本可以保证长久不忘。

此复习仅供参考,实际执行时因人、因地灵活掌握,基本的原则是先快后慢，复习间隔越来越长。

策略三：复习大表

很多人误认为，所谓复习，就是再记一遍。这种复习是错误的，既浪费了时间，复习的效果也不好。

最有效的复习是纯靠回忆来完成的。比如，我记了1000位数字，想复习一下，并不是看着这1000位数字重新记一遍，而是什么也不看，纯靠回忆在大脑中把这1000位数字重新过一遍。当然，谁也不能保证这个回忆过程是完整的，其中肯定有很多地方并不能回忆出来。这也没关系，回忆不出来的就跳过，能回忆出多少是多少，等整体回忆完成了，再去翻开原有的资料，把完全回忆不出来的内容看一遍，重新记一遍。这才叫复习。

回到单词的记忆，复习就是只看英文回忆中文，或者只看中文默写英文。因此，我们给大家推荐单词复习大表，利用大表可以准确地记录自己回忆和复习的情况。

英文	首次记忆时间	复习次数							中文
		1	2	3	4	5	6	7	
tame	×月×日hh：mm								驯服的，驯养的

每次回忆的时候，将中文部分遮挡，只看英文部分来回忆其中文意思。如果能正确地回忆出中文意思，就跳到下一个单词；如果不能正确地回忆出中文

意思，就在对应的复习次数下面的空格中打个"×"。英文全部复习完成后，再把英文部分遮挡，只看中文，并尝试默写出英文的拼写。同样，如果能顺利地默写或者回忆出它的拼写，就跳到下一个；如果不能正确地回忆出来，就在对应的回忆次数下面的空格中打个"×"。

等两遍回忆过程全部完成后，再把打"×"的对应单词重新记忆一遍。不论是哪个过程打的"×"都要重新记一遍。按上面的策略复习七次以后，这些单词基本能达到熟记的程度了。

策略四：找现成的单词编码

虽然前面我们讲了单词的图像编码方法，但在实际记单词的过程中，如果每个单词都要自己来拆分并进行图像转化，这个过程还是很耗时耗力的，甚至会导致记忆的效果还不如之前的死记硬背。那怎么办？建议大家直接去找其他记忆大师或者其他老师已经编好的现成的单词编码，直接拿来用是最好的。

可能个别的单词拆分并不符合自己的习惯，但大部分的单词拆分能够对你有帮助。我们的原则是能用就直接用，实在不能用的就自己再花时间来重新拆分设计。这至少可帮自己节约80%的脑力和时间成本。

除了上面说的一些策略，还可以借鉴一些其他的方法来快速地突破单词的记忆，达到一天记忆500个甚至更多单词的目的。一种是思维导图的策略。借鉴思维导图的发散式思维，每记住一个单词，就把与此相关的很多单词顺便一起记住。如果每记一个单词，特别是一些非常有代表性的单词，都采用思维导图的策略，那就不是简单的举一反三了，而是举一连带一百。比如：

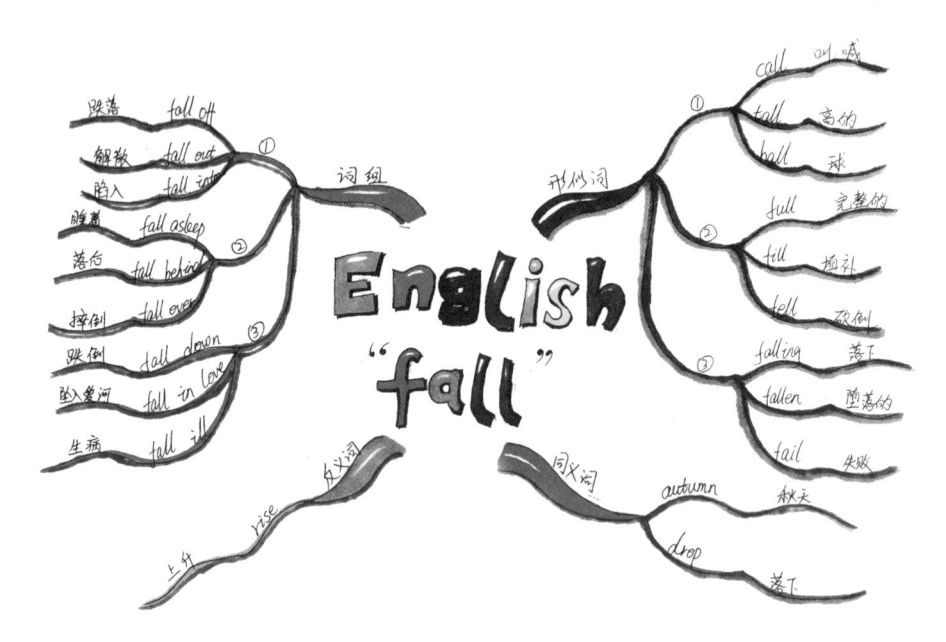

（手绘思维导图：English "fall"）

词组分支：
- fall off 跌落
- fall out 翻脸
- fall into 陷入
- fall asleep 睡着
- fall behind 落后
- fall over 摔倒
- fall down 跌倒
- fall in love 坠入爱河
- fall ill 生病

形似词分支：
- call 叫喊
- tall 高的
- ball 球
- full 完整的
- fill 填补
- fell 砍倒
- falling 落下
- fallen 堕落的
- fail 失败

反义词：rise 上升

同义词：
- autumn 秋天
- drop 落下

另一种快速突破的策略是借助地点桩来记单词。对于利用地点桩记忆英文单词，很多人持反对意见，感觉是多此一举。单从记忆单词的角度来说，不强制大家采用地点桩。因为单词的记忆是没有顺序要求的，这并不像记忆文章或者数字、扑克牌。但是利用地点桩记忆也有它的好处。

一是在复习的时候，根本不需要前面所提到的"复习大表"，直接闭上眼睛就可以在大脑里背诵单词表了。

二是有了地点桩的辅助，单词的图像组合会更加牢固。

三是如果有表演的需要，用地点桩记单词是最佳不过的选择了。

练习：请尝试用图像记忆法记忆以下英文单词。

英文	中文	方案	图像
bruise	青肿、伤痕、擦伤	谐音：不如死	身上的伤让我生不如死

续表

英文	中文	方案	图像
cushion	垫子、坐垫、靠垫	谐音：酷刑	有一种酷刑是坐靠垫
curtain	窗帘、门帘、幕布	谐音：客厅	客厅里挂着窗帘
dam	水坝、堰堤	da-m: 大门	出了大门就是水坝
damage	损失、损害	da-ma-ge: 打骂哥	打骂哥损害了自己的形象
escape	逃脱、逃走	e-s-cap-e: 鹅—美女—帽子—鹅	美女戴着帽子在两只鹅的掩护下逃走了
rare	稀罕的、稀有的、贵重的	r-are: 刀—是	这把刀是非常贵重的
doubt	怀疑、疑惑	dou-bt: 都变态	我怀疑这些人都变态
pain	疼痛、痛苦	pa-in: 怕—里面	越害怕，里面就越痛
total	合计、总计	谐音：掏掏	掏掏口袋里的钱，合计看有多少

第四节　历史知识点记忆技巧

历史知识点主要分为碎片式知识点（填空、选择题）和整体式知识点（问答题）。这两种类型的知识点可采用不同的策略来记忆。

一、填空和选择题的记忆

在历史学习中，对历史事件对应的时间的记忆是一项非常重要的内容。但是年月日的信息因为相似度太高，很容易产生混淆。那有没有好的办法来记忆呢？

其实，只要巧妙地运用数字编码，就可轻松地解决历史事件的日期记忆问题。例如：1127年，赵构建立南宋政权。如果用传统的方法来记忆，那就只能反复地重复"1127、1127、1127……"然后经过很多次复习之后，就把"1127"这个年份记住了。

但是有了数字编码，这类信息的记忆就变得异常轻松了。首先，将年份"1127"按数字编码转换成图像，每两位转换一个图像。即11—筷子，27—耳机。

"赵构建立南宋"是这件事情的主体，也需要转换成图像。事件的主体在转换图像的时候，可以根据自己的理解来转化，只要图像能够帮助回忆起这个事件就可以了。比如，在"赵构建立南宋"这个事件中，比较有代表性的事件可能是"赵构骑马逃跑"，也可能是"赵构从北方接回自己的母亲"，还可能是"赵构在苏杭一带享尽人间奢华"。至于选择哪个场景来作为"赵构建立南宋"的标识，全看个人对这件事的理解和感受。这里暂以"赵构骑马逃跑"作为"赵构建立南宋"的一个标志性事件。

接下来要做的，就是把日期对应的数字编码图像与事件本身的图像进行串联联想。需要串联的图像元素：赵构骑马、筷子、耳机。串联图像：赵构骑在马上，手里握着一双筷子敲打着自己的耳机。闭上眼睛，想象一下上述的画面，如果能够清晰地回忆出这个画面，那这个历史事件对应的年份自然就记住了。下次再想回忆的时候，只要能想起是赵构骑马，就可以回忆起他骑马时的场景是"手握筷子、敲打耳机"。然后就可以根据数字编码的图像倒推出对应的年份。"筷子—11""耳机—27"，合起来就是"1127"。

在世界脑力锦标赛的"虚拟历史事件"的记忆比赛中，所用的年份全部为1000~2999年，均为四位数字，相对比较标准，也降低了难度。但是在真实的历史教材中，年份并不全是四位的。比如唐朝之前的年份是三位数的，汉朝之前的年份是公元前的（带有"-"号）。那这样的年份应该如何处理呢？

对于三位数的年份，建议在前面加"0"。比如：618年，前面加0变成0618年；315年，前面加0变成0315年。加0以后，就可以方便地使用数字编码了。有人可能会问："这里不能使用个位数的编码图像吗？"当然可以，只要你觉得方便。我们觉得加0的处理可能更简单易行。

对于公元前的年份，建议把"-"去掉，并在前面加"9"。比如：-211年，去掉"-"，前面加9变成9211年；-635年，去掉"-"，前面加9变成9635年。经过这样的变形处理之后，同样把"公元前×××年"的信息变成了四位数字，方便转换成图像编码。

大家会问："为什么要加'9'呢，意义何在？"

因为在常用的数字编码中，并没有对"-"（负号）进行单独的编码。这里用"9"来代替"符号"是最佳的选择。在目前初中、高中的历史教材中，几乎没有早于"-999年"（即公元前999年）的具体年份与事件。更早的事件在教材中一般会标识为"公元前16世纪、公元前18世纪"等。而公元后具体事件的年份最晚也不过20××年，不可能出现9×××年的事件。所以用"9"来标识，可以轻松地辨识出对应的真实年份。

可能有人还会问："能不能给符号加一个固定的图像来代表？"答案是：可以，但不是最佳方案。我们举例来说明。比如，四个事件的年份分别是：-623年，-29年，-716年，-238年。我们先假定用一个"印章"的图像来代表"公元前"。那上面的四个年份转换出来的图像都会带一个"印章"，是不是感觉会产生混淆呢？而如果采用将负号转换成"9"的方案，那转换出来的图像分别是：

年份	数字	图像
-623 年	9623	酒楼 + 和尚
-29 年	9029	"90 后" + 阿胶❶
-176 年	9176	旧衣 + 犀牛
-238 年	9238	球儿 + 妇女

由上面的例子可以看出，虽然第一位数字都是"9"，但是转换出来的是四组完全不同的图像组合，这样就可以很好地避免图像重复的问题了。

❶ 注：当公元前的年份是两位时，需要去掉负号加"90"。

第五章 各学科针对性记忆策略

练习：请用上面的方法记忆下列历史事件的年份。

年份	事件	默写
-475 年	战国时期开始	
-92 年	巫蛊之祸发生	
79 年	白虎观会议召开	
223 年	刘备死，刘禅继位	
1085 年	宋神宗病死，高太后秉政	
1234 年	金哀宗自缢，金末帝被杀，金亡	
1368 年	朱元璋称帝	
1669 年	鳌拜被抓	
1722 年	雍正继位	
1866 年	李鸿章接任曾国藩成为钦差大臣	
1967 年	中国第一颗氢弹爆炸成功	
2019 年	嫦娥四号成功在月球背面实现软着陆	

历史中的另一类零散知识点是填空（选择题），这类知识点一般采用串联图像记忆的方法。先把"题干"按意思转换成一个图像或者场景，再把"答案"转换成图像与"题干"的图像进行串联联想。下面举例说明。

鸦片战争爆发时，清朝在位的皇帝是（道光）。

想象："皇帝正坐在龙椅上与群臣讨论如何消灭鸦片，突然外面枪声四起，战争爆发了。"这是由题干联想出来的场景。后面的答案"道光"可以根据字面的意思想象成"一道金光"，再与前面的场景进行串联。皇帝正坐在龙椅上与群臣讨论如何消灭鸦片，突然外面枪声四起，战争爆发了。这时候群臣的目光都看向皇帝，发现皇帝身上有一道金光闪过。借由这样的图像想象，就轻松地把"道光"皇帝和"鸦片战争"联结到一起了。

再来看几个例子：

世界上第一部电话的发明人是（亚历山大·贝尔）。

记忆策略：为了发明电话，他感觉压力山大，于是经常在后背上背一个电话的耳机用于侦听电话的声音。

二十四史中绝无仅有的女作者是（班昭）。

记忆策略：二十四史的作家开大会，唯一的一名女作者受到大家的宠爱，抢着为她搬椅子并招呼她坐在自己身边。

现在可以尝试回忆一下。

压力山大，天天背着大耳机——贝尔发明电话。

一群男人抢着搬椅子招呼美女——二十四史中绝无仅有的女作者，班昭。

如果能顺利地回忆出上面的图像，就可以尝试写出下面题目的答案了。

世界上第一部电话的发明人是（　　　）。

二十四史中绝无仅有的女作者是（　　　）。

练习：请用上面的方法记忆下列历史知识点。

中国最早的中医学专著是（《黄帝内经》）。

1864年，（天京城陷落）标志着太平天国运动的失败。

民族英雄邓世昌牺牲的战役是（黄海海战）。

第一颗人造地球卫星是由（苏联）发射成功的。

《波黑和平框架协议》是在（巴黎）正式签订的。

老舍是（满）族人。

二、问答题的记忆策略

问答题的记忆并不像填空题的记忆，只需要记忆一个词语或者一个图像就能解决。问答题往往包含几条内容。在记忆问答题的时候，建议采用以下策略。

（1）彻底读懂答案所表述的内容，能够用自己的语言讲述出核心的内容提要。

（2）找出每条内容的核心关键字。

（3）将核心关键字转成图像。

（4）找到合适的地点桩，将上面的图像联结到地点桩上。

以下面的问答题为例，为大家详细说明其用法。

春秋时期的霸王有哪些共同点？

答案：有成就宏图霸业的雄心壮志；重用人才；重视改革内政，发展生产，增强国力；能运用正确的谋略，取得政治、军事上的优势；他们的争霸斗争都给人民带来了灾难，但在客观上又都有利于民族融合和国家走向统一。

第一步，读懂材料的意思。大家可以通过阅读相关的史实记述来理解材料，还可以请教老师、同学。

第二步，找出每一条的关键字。在这里，我找到的关键字是：雄心、用人、改革、谋略、斗争。

第三步，每个关键字转一个图像。

①雄心——狗熊的心或者某部英雄类电影中的角色、片段。

②用人——佣人、仆人、管家干活的场景。

③改革——康有为、王安石发表演讲等。

④谋略——诸葛亮对着地图研究。

⑤斗争——角斗士。

第四步，找到合适的地点桩，把关键字转出来的图像联结到地点桩上。

使用与主题相关的图片更方便记住存储的地点，还不用占用之前储备的房间地点桩。在实际应用中，既可以用房间法，也可以用图片法，还可以用手绘图法。如果自己的手绘能力比较好的话，手绘图法是使用起来最方便的。除了可以手绘地点桩，采用手绘图法还有一个好处，就是可以把关键字转的图一起手绘在草图上，这样更便于后期的复习。在上图中按顺序找出五个地点桩：城楼顶、城墙、吊桥、马头、士兵的头盔。

将五组图像按顺序分别串联联结到这五个地点桩上。

①城楼顶上，一只大狗熊举着自己的心脏。

②城墙上挤满了佣人。

③康有为在吊桥上发表改革演讲。

④诸葛亮在马头上画满了战略地图。

⑤一个角斗士正在用拳头袭击士兵的头盔。

现在尝试回忆一下：

第一个地点桩是（城楼顶）→上面的图像是（狗熊举着心脏）→代表的关键字是（雄心）→原文大概意思是（都有成就宏图霸业的雄心壮志）。

按上面的方法，把另外四个地点桩上的图像也回忆一遍。

第二个地点桩是（　　）→上面的图像是（　　）→代表的关键字是（　　）→原文大概意思是（　　　　　　　　　　　　）。

第三个地点桩是（　　）→上面的图像是（　　）→代表的关键字是（　　）→原文大概意思是（　　　　　　　　　　　　）。

第四个地点桩是（　　）→上面的图像是（　　）→代表的关键字是（　　）→原文大概意思是（　　　　　　　　　　　　）。

第五个地点桩是（　　）→上面的图像是（　　）→代表的关键字是（　　）→原文大概意思是（　　　　　　　　　　　　）。

通过上面的例子可以看出，对于问答题，不需要一字不错地背诵原文，只需要复述出原文的大概意思和最核心的几个关键字就可以了。

可能有同学会问："能背诵原文不是更好吗？原文背诵的话可以得满分啊！"事实上，在正规的历史考试中，对于此类问题的评分标准一般采用知识点法。只要写出关键词而且语言表达上没有错误，就可以得到相应的分数。所以，只要掌握了这种方法，再长的问答题也可以化繁为简，轻松突破。

练习：请用上面的方法记忆下列历史知识点。

秦始皇巩固统一的措施有哪些？

答案：

政治上：建立专制主义中央集权制度。中央最高统治者称皇帝，皇帝总揽一切大权；在中央，皇帝以下设丞相、太尉、御史大夫；地方上，推行郡县制，各级官员由朝廷直接任免。

经济上：统一货币（圆形方孔钱）；统一度量衡。

文化上：统一文字（小篆）。

思想上：为加强思想控制，焚书坑儒，结果摧残了文化，阻碍了社会进步。

军事上：北御匈奴修长城（西起临洮，东至辽东）；南统越族开灵渠（沟通长江—珠江两大水系），加强南北联系。

第五节　用形象归纳记忆法拿下地理知识

地理学科最大的特点是包罗万象，涉及面广，空间和图像感较强。结合地理学科的这些特点，总结适合记忆地理知识的方法分享给大家。

一、形象记忆法

形象记忆也是图像记忆，是相对于语义记忆而言的，是指学生通过阅读地图和各类地理图表、观察地理模型和标本、参加地理实地考察和实验等途径所获得的对于地理形象的记忆。比如，记忆中国各省份的地理位置和名称，可根据地形的特点进行形象联想，完成快速记忆。

请参考教材中的中国行政区划图：整幅中国地图就像一只雄鸡；黑龙江省的外形就像一只黑天鹅；广东省的外形就像一只大象的头在饮南海之水；云南省的外形就像翩翩飞舞的蝴蝶；青海省的外形就像一只玉兔；陕西省的外形就像是兵马俑。

只要我们发挥想象力，就能想象出具体的图像帮助我们记忆。同时，如果能将想象和省份的特征关联起来，记忆就更轻松了！

二、口诀记忆法

很多的地理知识点可以通过小口诀的形式完成记忆，既朗朗上口又形象贴切。比如：

记忆大洲和大洋的特点：地球表面积，总共五亿一；水陆百分比，海洋占七一。陆地六大块，含岛分七洲；亚非北南美，南极大洋欧。水域四大洋，太平最深广；大西"S"样，印度北冰洋。板块构造学，六块来拼合；块内较稳定，交界地震多。

记忆影响气候的因素：影响气候因素，四个方面兼顾；纬度位置第一，赤道两极悬殊；其次要看海陆，远海夏季干酷；地形也很重要，高寒背风雨勿；洋流不可低估，暖流到来水富。

三、归纳记忆法

通过对地理知识的分类和整理，把知识点联系在一起，形成知识结构，以便记忆。归纳记忆法可以借助表格和思维导图来完成。

比如，记忆中国的地形和地势特点，可以画思维导图来对比记忆：

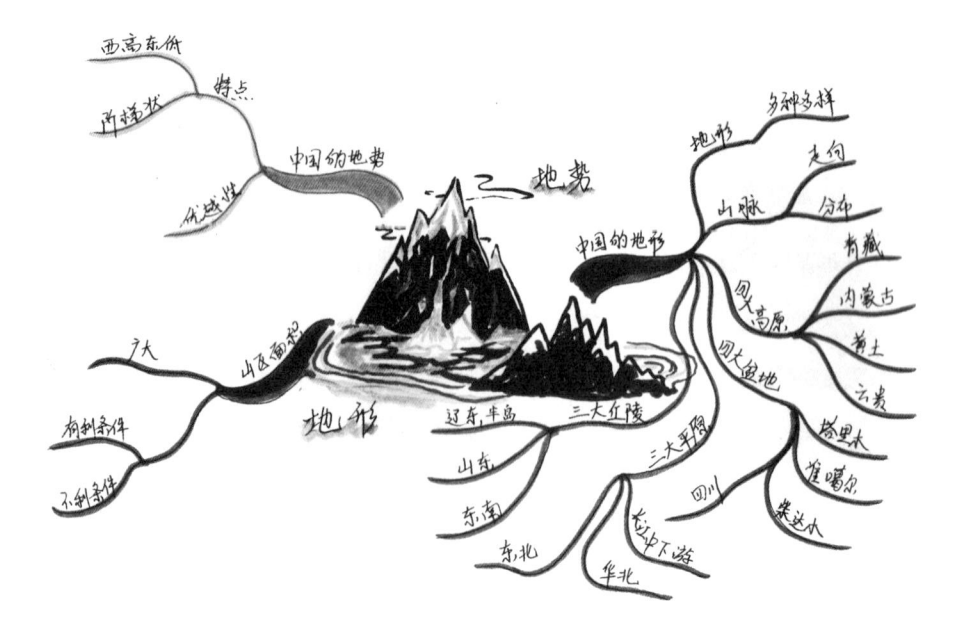

第六节　用歌诀和浓缩记忆法牢记物理知识点

物理这个学科的记忆特点是以理解为主。在理解的基础上借助一些行之有效的记忆方法，就可提高记忆效率。对于不同的板块内容，记忆的策略可以有所不同。物理实验直观生动，多动手、细观察、总结实验现象和原理，可以加深理解和记忆。还可以借助图像来理解物理知识，把复杂的知识点编成朗朗上口的小儿歌，便于记忆。例如，下面列出了一些有关光学知识点的口诀。

画反射光路图：作图首先画法线，反入夹角平分线，垂直法线立界面。光线方向要标全。

画折射光路：空射水玻折向法，水玻射空偏离法。海市蜃楼是折射，观察虚像位偏高。

凸透镜成像：一倍焦距不成像，内虚外实分界明；二倍焦距物像等，外小内大实像成；物近像远像变大，物远像近像变小；实像倒立虚像正，照、投、放大对应明。

浓缩记忆法也是我们提炼知识点、简化知识记忆的一个行之有效的方法。例如，记忆光的反射定律时，把涉及的点、线、面、角的物理名词编成一点（入射点）、三线（反射光线、入射光线、法线）、一面（反射光线、入射光线、法线在同一平面内）、二角（反射角、入射角）来加深记忆。

对于板块知识的整理和记忆，同样可以借助思维导图来完成。把相关的内容和知识汇总归纳，便于理解记忆。例如，将力学的知识点汇总在导图上：

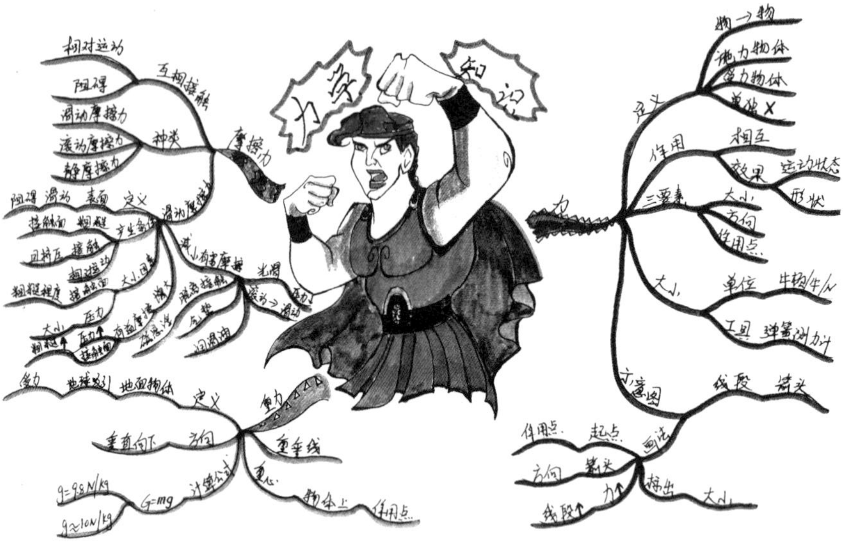

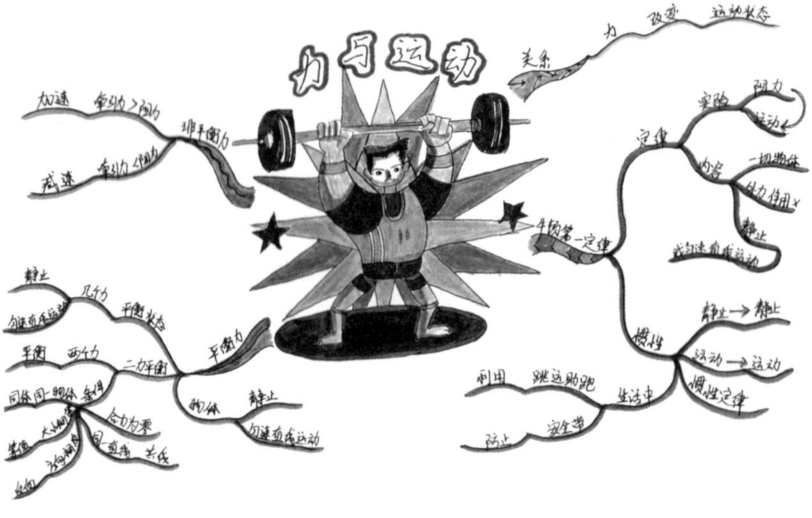

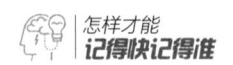

第七节 采用对比和歌诀记忆化学知识

将相似的知识点汇总成表格,对比记忆更容易,如下表对比了分子、原子、离子的异同。

微观粒子	定义	不同点			相同点
		电性	化学变化中是否可分	符号	
分子	由分子构成的物质,分子是保持其化学性质的最小粒子	不显电性	可以再分	化学式	·都具有粒子的基本性质(非常小、在不停地运动着、粒子之间有间隔等) ·都能保持由它们直接构成的物质的化学性质
原子	化学变化中的最小粒子	不显电性	不能再分	元素符号	
离子	带电的原子或原子团	带正电或负电	某些原子团在化学变化中可以再分	离子符号	

还可以将知识点编成歌诀来记忆。例如:

化合价之歌:

氢钠钾银正一价

钙镁钡锌正二价

铁正二三铜一二

三铝四硅二四碳

氟氯溴碘氮价多

单质零价永不变

化学元素活动性顺序表：

钾—钙—钠—镁—铝—锌—铁—锡—铅—氢—铜—汞—银—铂—金

谐音口诀：

嫁给那美女，

身体细纤轻，

统共一百斤。

说变化：

物理变化不难辨，

没有新物质出现；

化学变化则不然，

物质本身已改变；

两种变化有区别，

有无新物作判断；

两种变化有关联，

化变中间有物变；

变化都由性质定，

物性化性是关键。

第八节　道德与法治知识记忆技巧

道德与法治知识中最难记的是论述题和简答题，它们篇幅比较长，要记忆的内容比较多。根据学科特点，可以应用思维导图来完成记忆。

人类共同家园的特点：

开放的世界。国家间相互开放的程度不断加深，在政治、经济、文化各领域的开放也在不断扩展。封闭、孤立、以邻为壑的现象仍然存在，但已不是主流。

发展的世界。新技术、新经济、新业态不断涌现并蓬勃发展，世界正经历着新一轮大发展、大变革、大调整。与此同时，贫富差距、发展不平衡等问题依然困扰着人类社会。

紧密联系的世界。现代交通、通信、贸易把全球各地的国家、人们联系在一起，彼此影响，休戚相关。

利用思维导图整理后，逻辑关系一目了然：

再看一个例子。

经济全球化的影响：

积极影响：改变了我们的生活；有利于在世界范围内配置资源，促进资源利用更加合理有效；使各国经济相互联系、相互依赖的程度不断加深；为经济发展提供了新的机会。

消极影响：使风险与危机跨国界传递。

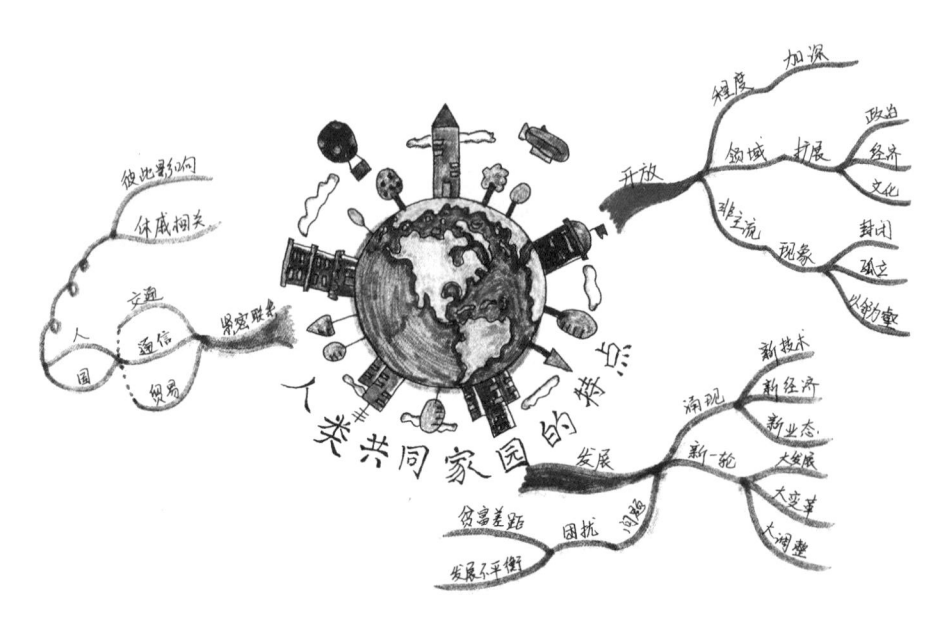

导图整理记忆：

很多学生认为，好记性不如烂笔头，期望通过机械地抄写来实现记忆。比如，抄写10遍甚至100遍课文或单词。但遗憾的是，这样做不仅花费大量时间，而且记得慢、忘得快。抛开重复记忆这种低效率的记忆方式，多用脑去思考、去联想，有助于大脑建立多方面的联系，同时加强记忆效果，提高我们的记忆容量。

将记忆方法用于学科记忆，需要一个转化的过程。很多人学习了记忆法之后，可以应对数字、扑克牌等这类竞技类的记忆素材，却对学科记忆无从下手。也有人能够理解和学会上面我们讲述的这些例题，但在自己应用时还是找不着感觉。这些都是正常的现象，凡事都需要一个从无到有、从有到优的过程。那如何才能把这种能力应用得更加灵活、更加有效果呢？请阅读第六章。

第六章

刻意练习成就记忆高手

第一节　刻意练习的四个阶段

当你读到这里的时候，是不是觉得自己已经是一个记忆高手了？甚至是不是开始幻想自己站在灯光绚丽的舞台上，准备给台下成千上万的观众做精彩的记忆表演？或者幻想自己已经拥有了超强的记忆力，并通过这些方法成为真正的学霸？或者幻想着更多更美好的让人羡慕的事情呢？

赶紧找一盆凉水，从头上浇下来，清醒一下吧。读到这里，万里长征才刚刚开始，你离梦想中的目标还有很远很远。这个世界上任何非常厉害的能力都不是速成的，不可能一蹴而就，都需要长时间的训练，才会有所收获。所以，要想成为记忆高手，成为真正的记忆天才，训练是一条不可逾越的路。

为什么要提出"刻意练习"这个概念？

提出"刻意练习"，就是让大家必须从现在起根深蒂固一个观念——"光学不练等于零"。学，仅仅是理解方法、听懂原理、知道应该怎么做。练，才是把这些从别人那里听到的、学到的东西变成自己的东西。而"刻意"的目的，就是要不断、反复地告诉自己，我必须训练，我只有通过训练才能具有这样的能力，而且通过长时间的坚持训练才能达到预期的效果。

刻意练习有下面四个阶段：

阶段一：基础练习

基础的练习是最容易被人忽略的。因为这些内容看上去非常简单，一听就懂，一看就会，一练就成。实际上则不然。想要将简单的内容训练到很扎实、很熟练的程度也并非一朝一夕能完成的。

就拿最简单的图像串联来讲，同样是串联10个词语，不同的训练量达到的训练结果是完全不一样的。有些人感觉自己看几遍就能做到正背、倒背10个词语，就觉得已经掌握了这项技术。其实还差得很远！他们仅仅是能够完成10个词语的串联而已。同样是串联10个词语，你能做到只看一遍吗？如果能，那你看一遍所用的时间是多久？30秒？1分钟？或者更长时间？

那练到什么速度才算是令人满意的水平呢？这里也给出用于参考的数值。

及格水平：10个词语30秒、20个词语60秒。

优秀水平：10个词语15秒、20个词语40秒。

大师水平：10个词语5秒、20个词语15秒。

以上时间是指确保复述时一个不错的记忆时间。如果有错误，不管记忆多快均视为无效时间。

可能有些人会怀疑，10个词语的串联怎么可能练到5秒？实际上，只要认真训练，方法得当，而且能做到专注，训练3~5天就能达到10秒以内的速度。小孩子的进步速度更快。那如果坚持训练一个月呢？三个月呢？一年呢？虽然并不是每个人都能达到5秒的记忆速度，但只要能够坚持训练，每个人都能达到15秒串联10个词语的水平。

在记忆法的基础训练中，不管是最简单的图像串联，还是对地点桩的熟悉训练、挂桩训练、转换训练等，都简单、易学、易懂，感觉非常容易上手。但想达到一定的高度，还需要扎扎实实地坚持训练。

在这些基本功训练上花的时间越多，训练得越扎实，后面的训练效果就会越好。相反，如果在训练这些基本功的时候偷懒，得过且过，觉得自己已经不错了，自以为是，那在后面的训练中，往往会遭遇很大的阻碍，会严重地影响提升的效果，很难再上一个新的台阶。

阶段二：提升练习

提升阶段的训练，主要是指在掌握了基本功的基础上，对这些最基本的技术进行进一步优化和提升的过程。

比如，对数字编码的优化是一个长期、反复的过程，数字编码优化得越好，训练的效果就越好。很多人不愿意花时间和耐心来优化自己的编码，总觉得当下的编码就能满足自己的要求了。殊不知在实际应用的时候，可能就因为个别几个数字编码有相似性或者图像不够清晰，导致在应用的时候记忆的图像发生混淆、图像模糊不清甚至遗忘的情况。与其到了那个时候再来优化编码，不如提前就把编码优化好，等到应用的时候就会觉得得心应手了。

提升阶段的另一项非常重要的训练任务，就是不断挑战更快的速度和更大的记忆量。就拿最简单的记数字来讲，不仅要训练记忆100位数字的速度，还要训练连续记忆数字的长度。这不仅考验记忆的能力，更训练自己的心理承受能力。

一口气记下100位数字很容易，但是如果连续记200位呢？500位呢？1000位呢？你还能心平气和地做到吗？即使不限制时间，大部分人在挑战到500位以上的时候，已经没有耐心和毅力坚持下去了。

再如，记忆《道德经》的其中一章不难，不管方法运用得是否熟练，都可以轻松地做到，因为毕竟只有几十个字。但是如果坚持一口气记10章呢？连续记忆30章呢？你还能像记一章那样轻松、自然地做到吗？

类似这样的训练都属于在提升阶段要做的，而且也是要刻意逼自己去做的。让记忆的速度更快，让记忆的数量更多。

阶段三：应用练习

如果坚持到了这个阶段，可以说基本功已经非常扎实了，接下来要做的就是把这些基本功转化为实战的技术。这就需要依靠应用练习。

应用练习与第二个阶段的练习不同的是，第二个阶段的练习还是以机械的训练为主，练的是速度、耐心等。其特点是所有的训练都有可参考的模板，有现成的例子，有成形的记忆方案，训练过程不需要自己再花太多的时间去策划和设计。而到了应用阶段，主要任务是练习根据所学的方法进行自行应用的能力。

这就相当于，之前的训练，不管是100米短跑训练，还是40多公里的马拉松长跑训练，都有事先规划好的跑道，我们只需要沿着既定的路线前进就可以了。在这个阶段，不需要考虑会不会跑错路，不需要考虑路上有没有行人、汽车，我们需要做的只是尽可能跑得更快、跑得更远。

而现在不同了，跑道没有了，地图也没有了，甚至连路线怎么走都不知道，唯一的可知项就是地图上的一个点。我们必须自己想办法找到最近的路、最安全的路、最适合奔跑的路，然后一步步地跑下去，而且要尽可能跑得更快、跑得更轻松。这就是在应用阶段要做的事情。

如何整理分类记忆的元素？自己搞定。

采用什么方法进行图像转换？自己选择。

应该找哪种类型的地点桩？自己去找。

记忆多少内容复习一次？自己掌握。

我应该掌握多快的节奏才合适？自己摸索。

看懂了吗？一切都要你自己决定，不仅方法要自己定，快慢也要自己定，当然成败也是自己来承受的。

这是一个漫长的修炼过程。之所以叫修炼，是因为这个过程训练的不仅是方法、能力，更是自己的心态。在这个过程中，你会无数次地自问："我的方法是正确的吗？"甚至会无数次地怀疑："老师教的方法是正确的吗？"这些都是正常的心态，每一位记忆大师都是在这种不断的怀疑和肯定中慢慢成长起来的。

很多人学记忆法感觉没有任何收获，或者说总觉得"记忆法没有用"，也都是因为在这个阶段没有坚持下来，最终选择了放弃。能不能走到最后，能不能真正掌握这一套科学、高效的记忆方法，关键看在这个阶段能坚持多久。

在每一次怀疑自己、怀疑老师，甚至怀疑这套方法的时候，你是选择继续坚持一下还是放弃，是决定成败的关键。出现情绪波动、产生怀疑没有关系，犹豫也没有关系，甚至短时间地消极、放纵也没有关系。关键是最终你的选择是什么，是坚持还是放弃？

阶段四：自由应用

如果你有幸坚持到了这个阶段，恭喜你，你已经学有所成了！

到了这个阶段，你要做一件听上去非常不靠谱的事，那就是尝试慢慢地把之前所学的方法通通忘掉，忘得越干净越好。

为什么？因为这时候，你要开始从你自己前三个阶段的训练和应用过程中去提炼和归纳了。你不再是我们的学生，你不再是任何人的学生。你所用的任何方法和技术也不再受任何教条的限制。你自由了，你想怎么记就怎么记。只要你觉得有效果，只要你觉得简单高效！

你应该慢慢地学会把你的一些心得、体会、经验、感悟等整理成属于你自己的知识体系了。这时候你要尝试把自己当成一名讲师、一个教练或者一个学者，你要想象着将来会有一批你的学生、学员和追随者期待你精彩的演讲和授课。你必须想办法对你已经掌握的这些方法和技术进行"发扬光大"。我不是在唱高调，因为这个发扬光大的过程，也是你能够进一步提升自己能力的过程。要想做到"发扬光大"，必须先让自己站到更高的位置、更高的平台、更高的水平线上，才能给别人以能量。

第二节　合理安排训练时间

合理地安排训练时间，可以大幅提高训练的效率。如何更加科学、合理地安排训练时间呢？这主要包括两个层面的意思。

1.不同训练内容的时间安排

基础知识的训练不少于30小时。

基础知识的训练包括最基本的串联联想的训练、地点桩的选择和记忆、图像挂桩训练、数字编码的设计和熟悉、图像转化训练等。这些训练作为入门，至少需要30小时的时间，才能基本掌握。

如果想参加世界脑力锦标赛，想去争取"世界记忆大师"的头衔，那就需要在这个阶段付出更多的时间，来夯实这些基本功，并且不断对图像进行优化。这可能需要付出几倍甚至几十倍的时间。

提升及应用方法的训练不少于100小时。

提升及应用的训练，包括数字记忆训练、扑克牌记忆训练、古诗文记忆训练等。在提升和应用阶段，主要任务就是把基础训练的方法和技巧通过规定的训练材料应用于实战。这是由理论到实践的过程，也是由基本功到实战的过程。

很多人说学了记忆法以后总是没有效果，这是因为没有在这个阶段认真训练。你有记过超过1000位圆周率吗？你有记过10副以上的扑克牌吗？你有连续记过10篇以上的古诗文吗？你有一次性记过100个以上的英文单词吗？如果还没有，那就说明还没有认真、踏实地训练过实际应用。还等什么？抓紧去训练吧！

自由应用阶段的训练不少于500小时。

自由训练阶段是跳出规定训练材料的束缚，去记忆自己喜欢的或者需要的内容，如与自己的工作相关的材料、自己喜欢的一些专业知识或者信息。或者你想挑战一些稀奇古怪的信息，如记忆人的指纹、钥匙的锯齿、脚印、花花草草或者小狗小猫的品种等。

这些训练没有老师的方案可以参考，没有规定的时间和限制的速度，完全是在自由的状态下完成。你需要自己根据记忆的材料来设计记忆方案、策划编码、设计地点桩等。

如果在这个阶段能坚持训练500小时以上，那真的要恭喜你！因为，你已经是记忆方面的真正大师了！

2.每天用于训练的时间安排

人类大脑最适合记忆的时间是什么时候呢？有的人说是早上，有的人说是中午，有的人说是半夜，也有人说是上午9点。每个人的生物钟不一样，所以不能一概而论。但有个观点相对而言还是比较有科学道理的。

最适合记忆的时间是睡前、醒后和半饥饿状态时。但我们并不一定要在这些时间段进行训练。其实，最好的训练就是坚持，只要能坚持每天训练30分钟以上，甚至2小时以上，训练的效果就会异常明显。

记忆大师们在最后的冲刺阶段，每天的训练时间都在8小时以上，而且一般都要坚持几个月。可见，训练时间的保证是何等重要。

即使你没有获得"世界记忆大师"称号的想法，也要想办法保证自己的训练量。特别是在初期，训练量是训练效果的最根本保障。实践证明，集中的训练比分散的训练效果更好。

每天训练8小时，连续训练一周，总的训练时间为56小时。每天训练1小时，连续训练两个月，总的训练时间为60小时。每周训练一次，一次训练1小时，连续训练一年，总的训练时间为52小时。

在以上三种训练方案中，提升最快的是第一种方案，训练效果最好的也是第一种方案。当然，如果先按第一种方案连续训练一周，再按第二种方案坚持两个月，那效果就更好了。

第三节 挑战脑力锦标赛

一、世界脑力锦标赛与世界记忆大师

世界脑力锦标赛又叫世界记忆力锦标赛（World Memory Championships），是由"世界记忆之父"托尼·博赞于1991年发起，由世界记忆运动理事会组织的世界最高级别的记忆力赛事。

目前，世界脑力锦标赛已经举办29届。2010年，世界脑力锦标赛的决赛在中国广州成功举办，这也是组委会首次把总决赛放在中国举办。此后的2014年，第23届在中国海口举办。2015年，第24届在中国成都举办。2017年，第26届在中国深圳举办。2018年，第27届在中国香港举办。2019年，第28届在中国武汉举办。2020年，受疫情影响，原定于在印度举办的总决赛改为在世界各地分会场举办，中国为分会场之一。

世界脑力锦标赛总决赛除了要决出总冠军及各组、各单项冠军，还有一个重要的任务，就是负责"世界记忆大师"认证。目前，我国已有近1000位选手通过这个比赛拿到了"世界记忆大师"的称号，是世界记忆大师数量最多的国家。

2003年，在马来西亚举办的世界脑力锦标赛总决赛上，中国选手张杰、王茂华两位老师通过"世界记忆大师"的考核，成功获得了"世界记忆大师"的称号，成为中国首位世界记忆大师。

2009年，在伦敦举办的第19届世界脑力锦标赛上，中国选手王峰以优异的

成绩摘得该届比赛的总冠军，成为中国首位世界脑力锦标赛冠军。

随着取得"世界记忆大师"称号的人越来越多，世界脑力锦标赛组委会把世界记忆大师分为了三个级别，分别是：

国际记忆大师（International Master of Memory），简称IMM。IMM是级别最低的世界记忆大师，只要满足记忆大师的及格线就可以获得，且没有人数限制。

特级记忆大师（Grandmaster of Memory），简称GMM。想要获得GMM称号，除了要满足IMM的条件，还要求比赛总分数不能低于5500分。且每年只给满足以上条件的分数最高的五位选手授予GMM的称号。

国际特级记忆大师（International Grandmaster of Memory），简称IGM。IGM是级别最高的世界记忆大师，是世界脑力记忆界的最高荣誉。其要求除了满足IMM的条件，还要求当年的比赛总分数不能低于6500分。因为能够达到6500分的选手实在是少之又少，所以IGM也没有人数限制。

要想取得世界记忆大师的称号，需要满足以下基本条件。❶

·1小时内记住1400个随机数字。

·1小时内记住最少14副扑克牌。

·40秒内记住1副扑克牌。

·达标当年须十个项目都已参赛，且总分达到3000分以上。

我们顺便来看一下十年之前记忆大师的认证标准：

·1小时内记住1000个随机数字。

·1小时内记住最少10副扑克牌。

·2分钟内记住1副扑克牌。

---

❶ 注：2020年标准，具体标准以组委会官方资料为准。

相比十年之前，其认证标准提高了接近一倍，特别是快速扑克记忆这一项，从2分钟提高到了40秒。由此可见，人类大脑的潜能是无限的。不知道再过十年、二十年，这个标准会提高到什么程度。人类大脑的潜能还有多少可以提升的空间呢？

世界脑力锦标赛共有十个比赛项目，分别是：

・快速扑克记忆（Speed Cards）

・马拉松扑克记忆（One Hour Cards）

・快速数字记忆（Speed Numbers）

・马拉松数字记忆（One Hour Numbers）

・听记数字（Spoken Numbers）

・二进制数字记忆（Binary Number）

・人名头像记忆（Names & Faces）

・虚拟历史事件记忆（Historic/Future Dates）

・抽象图形记忆（Abstract Images）

・随机词汇记忆（Random Words）

每项比赛的详细内容，有兴趣的朋友自己到相关的网站去了解吧。

二、世界脑力锦标赛训练方案

虽然全国目前已有近1000位世界记忆大师，但与全国十几亿人相比，仍然是凤毛麟角。每年参加这项比赛的人数和想参加这项比赛但没能坚持下来的人数也远远不止几万甚至几十万。那为什么每年只有为数不多的几十个人能拿到"世界记忆大师"的称号呢？

除了个人毅力方面的原因，训练方案也非常重要。关于每个具体训练项目的训练要求和训练方案就不在这里给大家一一分析了，我们只将整体的三个阶段训练方案与大家进行一个大概的分享。

1.入门阶段

在入门阶段，你将基本了解整个比赛的流程、内容及训练方法，并且掌握图像记忆、编码、定桩这些基本的方法，还能够记忆一些基本的数字、扑克牌等信息。只是在记忆速度和记忆准确性上还有待提升。

在这个阶段给大家的建议是：如果有参加世界脑力锦标赛的想法，在入门阶段就要找专业的教练接受指导。这里所谓的专业教练，一定是已经取得了"世界记忆大师"称号的教练，一定亲自参加过世界脑力锦标赛并取得了不错的成绩。

虽然在入门阶段通过看书、看网课自学也可以获得一定收获，但竞技比赛的训练要求和学科记忆不一样。学科记忆对速度和准确度的要求没有竞技比赛那么高，所以对地点桩、编码以及图像处理方面的要求并不是非常严格。学科记忆的难度在于材料千变万化，而竞技的材料主要集中于数字和扑克牌这两种信息。

所以，在入门阶段如果能把地点桩、编码图像等优化到最佳，在后一个阶段训练时就能少走很多的弯路。实践证明，很多从学科记忆转到竞技上来的选手，虽然已经掌握了这些基本的原理和方法，但仍然要按教练的要求重新对编码、地点桩进行更高水平的优化。

如果已经下定决心要走竞技这条路，就从学习之初找专业的竞技教练给出最专业的指导，可以让自己少走很多的弯路。

2.提升阶段

提升阶段是训练时间最长，也是最难坚持的一段。每个人的提升阶段时长不同，可能两三个月，也可能一两年。这个阶段的训练目标是基本达到记忆大师及格线的水平。

在这个阶段，最难的是坚持。因为在训练过程中，经常会遇上无论自己怎么努力，也无法提升速度的情况。这时候专业的教练指导就显得尤为重要了。另外，在这个阶段最好有一起训练的伙伴，或者有训练团队。大家在一起相互比拼、相互竞争，能够看到彼此的优点、缺点，这样的训练效果会更好。

在提升阶段，还需要把世界脑力锦标赛的十个比赛项目全部训练一遍。尽管不可能把所有项目都训练成强项，但是根据比赛规则，要想取得世界记忆大师的称号，就必须参加规定的全部十个比赛项目。也就是说，不能有一个项目为零分，每个项目必须有得分，在此基础上，还需符合总分的要求。

所以，在提升阶段，必须把每个项目都训练一遍，包括二进制数字记忆、人名头像记忆、听记数字记忆、抽象图形记忆等非主流的比赛项目。主要的比赛项目更要认真训练到一定的程度。比如快速扑克、马拉松扑克和马拉松数字三个主要比赛项目，必须在提升阶段基本达到及格的水平，即记忆大师及格线的水平。

3.冲刺阶段

在冲刺阶段，要把自己调整到比赛的最佳状态。想要参加世界脑力锦标赛世界总决赛，要经过三个阶段。先是参加地区赛取得比较好的成绩，出围进入国家赛；然后参加国家赛取得比较好的成绩，拿到参加世界脑力锦标赛总决赛的资格；最后才是参加世界脑力锦标赛的总决赛。

在冲刺阶段，要把自己在提升阶段的训练状态进一步提升，并且让自己的状态趋于稳定。这一阶段建议大家加入专业的训练团队，一起进行模拟比赛。这些模拟比赛在时间、规则、评分标准等方面，都严格按照世界脑力锦标赛的标准进行。

在冲刺阶段，要让自己的成绩稳定在略高于自己期望在总决赛中取得的成绩。比如，想取得IMM，就要让自己的训练成绩稳定在略高于IMM的水平。

在冲刺阶段，最主要的任务就是让自己的成绩更加稳定，并尽最大努力让自己的成绩再提高一个档次。

另外，在冲刺阶段，建议大家全职训练。全职训练就是离开原来的家庭、工作环境，全身心地进行训练。两个马拉松项目需要一个小时的绝对安静且不被打扰的时间，没有一个绝对适合的安静环境，是不可能安心进行训练的。

提升阶段是最难坚持的，却也是最容易提升档次的。虽然比赛已经临近，但这正是调整自己状态最关键的时候。很多选手虽然平时训练成绩很好，到了正式比赛却没能发挥出好的成绩，这跟自己的状态有很大关系。

第四节　说出我的故事

梦想就是坚持。

——我的记忆大师之路

1.缘起

我与记忆大师的缘分,应该从《最强大脑》这个节目说起。《最强大脑》中那些令人瞠目结舌的挑战项目和选手表现出来的各种神技,吸引了全国无数粉丝的眼球。很多人在看了他们的表演后会产生一个疑问:"他们这些超乎常人的能力是天生的吗?"还把这些选手视为"天才"。当然也有些人会怀疑节目组作秀,怀疑是一群演员在表演节目。不管如何,这些能力似乎离普通人的生活很远。

我看第一季的时候跟大家的想法一样,对那些选手只有羡慕和崇拜。后来因为要教育儿子,才开始接触幼儿脑力开发的相关课程,以至有机会进入脑力开发机构参与教学和管理工作,对脑力开发产生了浓厚的兴趣,并且开始购买各种书籍深入研究。经过自己的学习和训练后,我才慢慢体会到,人类的大脑是可以通过训练变得更强大的。

越过崇拜,我的好奇占了上风。而正因为这份好奇,我开始通过各种方式不断钻研,研究怎样通过训练能让小朋友的大脑发挥更多的潜能,并不断发展下去。显然,简单的课程教学并不能创造《最强大脑》节目里所呈现的那些"神迹",他们一定还有更专业的训练方法。想要达到那些选手的境界,我似乎还有很长的路要走。

2016年5月1日，我创办了自己的教育培训学校，正式成为一名脑力开发老师、记忆运动的推广者。教学工作开始之后，我发现自己的时间排得很满，课程很多，所以想抽出时间进行系统训练很难，而考取证书就更难了。但是梦想一直在，而且随着教学的深入，梦想的火光越来越亮……

2017年1月1日，我的第二个校区成立了，意味着会有更多的孩子走进我的教室，但是自己的能力能否帮助孩子们更快成长呢？自己的水平能否指导孩子们成为最强大脑者呢？虽然自己有四年多的全脑教学经验，但总是感觉还差点什么……

就在这个时候，第四季《最强大脑》火热播出，作为一名资深"脑粉"，我每周五都会组织学生们在家里观看节目。孩子们来上课时会兴高采烈地跟我分享他们对《最强大脑》挑战项目以及选手的向往和崇拜。从孩子们的眼睛里，能看到他们的热情和向往……而此刻，我梦想的火苗在心里已按捺不住了！

也许真的是机缘巧合，无意间我看到了尚忆战队招募世界记忆大师班学员的消息。其中更加吸引我的是战队的超豪华教练团队，除了陆伟、方士奇、陈阳等世界记忆大师作为教练，还有我崇拜的《最强大脑》明星苏泽河、黄胜华、苏清波、潘梓祺。他们让我没有任何拒绝的理由，哪怕最后拿不到大师证，能跟他们学习也是值得骄傲的事情！

我下定决心离开工作岗位，离开温暖的家，去全力追求我的记忆大师之梦。安排好学校和家里的事情，5月7日我踏上了火车，从北方秦皇岛前往繁华的南方大都市广州，追随中央电视台记忆顾问张海洋老师和他的团队，去学习正规、专业的记忆大师秘籍。

来到广州，见到了海洋老师和他的团队——记忆大师教练团队。这是我第一次零距离接触世界记忆大师！虽然我已经为人母、为人妻，却依然控制不住自己当时激动的心情。

在学习之初，陈阳老师给我现场表演了在几十秒内记住一副打乱顺序的扑克牌！当时，我心中的崇拜之情达到了顶点！也就是在那时，陈阳老师向我证明了这些能力不是天生的。也就在那时，我的内心萌发了一颗种子：有朝一日，我一定成为"世界记忆大师"。

就在这样激动、向往、自信和迷茫的复杂心境下，我的记忆大师学习之旅开始了。

2.曲折

因为自己的教育机构还有很多的班，所以当时来学习只协调出一个月时间。原本计划将训练方法学会之后，就回家自己训练。可是很快，我的这个想法就被教练直接否定了，强烈要求我留下来长期训练。

因为回家后有孩子、有学校，每天能保证的训练时间真的是个未知数，很可能因为在家里的训练时间不足，干扰信息太多，导致没有办法全身心训练，而最终与大师证失之交臂。毕竟这个证书并不是随随便便就能拿到的，很多人是付出了两年甚至三年的时间才最终得到。

经过再三考虑，我最终决定放下学校和家庭，为了这个梦想疯狂一次。我要全力以赴拼搏一次，哪怕最后不成，努力过不留遗憾！这是一个我一辈子都不后悔的决定。

接下来的时间，我一边训练一边跟家里以及学生家长做工作。刚开始遇到了很大的阻碍，家里人不理解、不支持，觉得我不用这么拼。学生家长对我的决定也有不满，他们担心耽误孩子的学习进程……

一系列问题都来了，但即使困难再大，我依然没有退缩。我非常坚定地告诉大家，今年我一定可以拿到"世界记忆大师"证书！没有万一！也许是我的坚持和信念说服了其他人。之后的一段时间，大家都为我鼓劲加油，帮我树立信心。

我老公鼓励我说："不要有太大压力。既然你喜欢，那就去做，我全力支持你！"

我的婆婆也告诉我："放心，我们会照顾好孩子，你不要分心，既然有梦想那就去追吧，等着你的好消息！"

我的孩子跟我说："妈妈，你是最强大脑，我以后也要上《最强大脑》！如果我想你就跟你视频。"

还有不止一个学员家长发信息给我："李老师，我们当初报名跟你学记忆就是因为信任你，现在我们依然信任你，相信你一定能成功，我们在家等你凯旋，继续跟你学习。"

我学校的老师们告诉我："李老师，你放心训练，好好比赛，学校有我们绝对不会差，你不在我们会把学校做得更好。"

大家跟我说的每一句话都深深地印在我的大脑里，也给了我无穷的力量和巨大的动力，让我毫无畏惧地奋勇向前！

之后的日子，我开始了每天10小时以上的全职系统训练。我知道，我此时的奋斗和拼搏已经不仅是为了自己的梦想，更是为了家长的信任、家人的支持和孩子们的期待！

既然下定了决心，就要全力以赴！我每天来得最早，走得最晚，每天的训练量非常大，比其他同学不止高出一两倍。其他伙伴每天练习联结1页数字、记1页数字的时候，我就练习联结8页、记2页。熟悉之后我加到每天记3页。扑克牌的训练中，别人一天记10副牌，我就记20副。

正是这高强度的训练，让我的成绩提高很快。加上教练的特别指导，让我对训练充满热情和激情！我的训练之路也走得越来越顺遂！

3.阴影

训练一开始，我的成绩提升很快，所以很开心。但是上天总会在你开心的时候恰到好处地捉弄你一下，不让你走得太顺畅。

为了让选手们更好地适应真正的比赛，教练们在6月25号组织了一场规格很高的模拟赛。这是我第一次参加正式比赛，我清楚地记得，那时我特别紧张。因为急于要证明自己两个月来努力的结果，所以当时真的特别在乎比赛的成绩。

也许是因为过于在意这场比赛，我从第二项二进制数字记忆开始就非常紧张，所以记忆效果很差，平时的训练水平完全发挥不出来。尤其是马拉松数字记忆时，脑袋一片空白，回忆的时候竟然每一行都有忘记的……

最终，在马拉松数字上只得了20分，以至于留下了心理阴影。这一困境一直到香港赛才有所突破！

在所有比赛项目中，马拉松最能训练选手的能力。因为除了记忆的基本功，它还考验选手的专注力、记忆的广度以及持久度。我了解到2016年的特级记忆大师石燕妮老师能两遍记忆30副扑克牌，所以我平时训练马拉松都是按照"两遍能力"在训练。

我自认为训练效果很好，训练成绩也不错。但我忘记了教练反复跟我强调的另一个重要信息：脑力训练，身体第一、心理第二、技术第三。

于是，我在遭遇马拉松数字的滑铁卢之后，为了走出这个心理阴影，花费了比别人更多的时间和精力。

马拉松项目需要的地点桩比较多，所以每个周末，我几乎都奔走于大街小巷，无休止地寻找和搭建我的"记忆宫殿"。到12月参加比赛的前夕，我已经有108组地点桩。这已经足以支撑最后的比赛和日常训练。

但因为内心总有那次模拟比赛的心理阴影，所以从那以后的每一次比赛我都会紧张。不管是日常测试还是正式比赛，马拉松数字项目都成为我最担心的项目。一到马拉松数字比赛我就会紧张得呼吸困难，越紧张成绩就越差！

为了能让自己尽快走出这个心理阴影，我在平时的训练中加入了一些心理暗示。教练们也不断地对我进行心理辅导，想尽一切办法让我尽快从失败的阴影中走出来。

第二次模拟赛定于8月9日。

当时我的训练水平是半小时马拉松数字能达到两遍记忆960位，正确880位。本以为通过一个月的努力，我已经走出上次的心理阴影。但实际上呢？我心里的那个阴影，那个"它"还在……

这次模拟比赛，我的马拉松数字项目竟然只对了460位。在比赛紧张的状态下，我又一次大脑一片空白，比赛时根本记不住。而且更致命的是，这种状态还迁移到了马拉松扑克项目上。半小时时间，我只记了8副，而且竟然只对了3副。按照我当时的训练成绩，轻松记忆8副牌而且全部正确，应该是能够做到的。

所以，在这次模拟比赛中，比赛还没结束，我整个人几乎要崩溃了。我清楚地记得，当马拉松扑克比完走出赛场遇到李莉和方士奇时，我完全控制不住自己的情绪，眼泪啪啦啪啦往下掉。当时的心情真的难以形容，我努力了那么久，偏偏在展示结果的时候被心理阴影影响得一塌糊涂。那种极度失落崩溃的感觉差点让我选择放弃！

方士奇大师兄帮我分析了我的心理，陆伟教练也安慰我。但这些都不能让我从这个阴影中走出来。当天晚上我给老公打电话，老公心疼地问我："要不要回家，大不了不考这个证了？"

当他问我这个问题的时候，我一下子清醒了。我当初为什么来这？现在的经历值得我放弃吗？如果放弃了将来怎么办？怎么向学生们、家长们交代？回家怎么跟孩子说？难道要告诉所有人，我追梦的路只走了不到一半就放弃了吗？难道要给学生们和孩子做反面教材吗？不，绝对不可以！于是我坚决否定了老公的想法，擦干眼泪，收拾心情，继续寻找前行的路。我要斩断荆棘，勇往直前！我又开始了更加刻苦的训练，而且开始进行更多的心理疏导，好让自己能更快摆脱这可怕的心理阴影。

亚洲赛就要来了，我能否拿到"亚洲记忆大师"证书，两个马拉松项目是关键！

第二次模拟赛后，我开始了每天半小时的马拉松数字和马拉松扑克的强化训练，这也是教练为了帮我克服心理阴影制订的特殊计划。只有自己水平足够高的时候，哪怕受心理因素影响，结果也不会有太大偏差。

就这样，我每天坚持练习马拉松项目，到8月24日香港赛的时候，虽然没有发挥出平时的训练水平，但是顺利通过了亚洲记忆大师的考核标准。有了这一次的成功经验，这个巨大的心理疙瘩总算是解开了！

这一段的经历给我最大的感触和体会就是：训练路上不可能一帆风顺，总会遇到困难和瓶颈。这些阻碍我们前行的因素，也许是家庭因素，也许是自我设限，还有可能是外界的压力。人有时候身在其中，会难以自拔，会因为沉陷而迷失方向，或失去前行的动力甚至畏惧前行。不管你遇到的是哪一种困难，只要心中坚信"坚持就会有结果"，并坚持走到最后，就一定会收获你想得到的。

在接下来的中山城市赛上，我在短时马拉松数字和马拉松扑克这两个项目上都得到了项目金牌。这一次成功的经历，更让我对自己信心满满！

4.成功路上再起波澜

中国区总决赛，这是一个比世界赛还要难的选拔赛。因为中国选手的水平普遍高于世界选手，所以在这场比赛中要选拔出最优秀的参加世界赛，毕竟世界赛的名额有限制。每一位选手都倍加重视此次比赛，想把自己的最佳状态展示出来，高水平入围世界赛。

可偏偏这个时候，突发状况再次发生，心理阴影再次作祟。比赛时，我脑海里出现了孩子们的期待、老师们的期盼、家人们的等待……当时心里的唯一想法是我一定要晋级！

其实，当时我已经能够稳定在4000多分。按照这个成绩，我已经不需要担心晋级问题了。可是到了下午的马拉松数字比赛，由于太在意比赛成绩，我越来越紧张，大脑一片空白的感觉又来了。

平时训练时，我半小时两遍1080位能对960位，可是到了正式比赛，我的状态就不对了。脑袋里全是"不能错""要专注""一定要晋级"等想法，最终导致自己不能专注去记。最后，我只记了963位。

到了回忆的时候，我心跳加速，大脑更加一片空白。写到第一个空桩的时候，我的心里就开始害怕，紧跟着，最不好的念头、最差的状态全跑出来了。我越写越紧张，越写越害怕，结果写完第一遍的时候竟然有十几行空桩。在回忆答卷的时候，我一边写手一边抖，直到最后一秒交卷都在回忆空桩上的内容。比赛结束之后，我的心情特别沉重。

我本来自认为心理素质不错，以前不管是升学考试还是考教师证、会计证、导游证……从来没有紧张过，而且发挥都很好。我从小到大都没有过这种害怕的感觉！可为什么？难道真的是心理因素的影响？

记忆比赛不像可以提前学习的知识型考试，不是只要准备充分，知识点掌握了就可以自信地去考试。脑力锦标赛的所有项目都是现场记忆，对选手的专注力、抗干扰能力、记忆广度、记忆持久度、心理素质等要求非常高。而选手的身体状况、心理状态等主观因素对记忆影响更大！

受自己心理阴影的影响，我最终在中国赛的马拉松数字项目上只记忆了963位，且只对了743位。其他的几个比赛项目也或多或少因为自己的心理状态受了影响，最终我的总分只有4103分。我心情特别的失落，没想到因为自己的"太在意"又把"它"召唤回来了。

中国赛结束后，只剩半个月时间就是世界总决赛了。在世界总决赛上，马拉松数字、马拉松扑克、快速扑克达标以及总分超3000分是拿到"世界记忆大师"的四项基本要求。出来学习半年多，不能因为最后的心态问题功亏一篑！

在教练的建议下，我调整了记忆策略。我将之前的从头到尾看两遍调整为三遍，减少记忆量，提高准确率。

第三遍记忆时，我给自己心理暗示，安慰自己三遍记完肯定不会错。训练了这么久的"两遍记忆"策略，竟然在赛前半个月临时改变，有点不甘心。但是为了能够确保拿到记忆大师证书，我也只能妥协。这也成为我世界脑力锦标赛上的遗憾！

事实证明，在不受心态影响的情况下，两遍记忆要优于三遍记忆。三遍记忆会对记忆的总量有很大的影响。有优秀的榜样和教练，我相信这种方法会被传播并且广泛应用，让更多的人不断挑战极限，不断刷新纪录！

5.收获梦想和友谊

在多方帮助和自己的努力下，我最终在世界脑力锦标赛的总决赛中成功达到了预定的目标，拿到了"世界记忆大师"的称号。虽然我只达到了IMM级别，但最终还是拿到了大师证。大家纷纷送来祝福和赞扬，而这7个月（206天）的训练历程成为我一辈子最难忘的回忆，也是最值得骄傲和自豪的事。

回顾这200多天的经历，我感慨万千！我是一个5岁孩子的妈妈。很多人会问我，离开家那么久，孩子怎么办？孩子能离开你吗？你能离开孩子吗？

每次有人问我这类问题的时候，我的鼻子都会酸酸的。第一次离开家这么久，一开始确实舍不得，每天都会想家、想儿子、想学校的事情。白天训练时经常走神，晚上回到住处就跟舍友一起想娃。我不知道自己在夜里偷偷地哭过多少次。尤其是舍友回家以后，自己一个人在一间十几平的小房间里，面对寂静的黑夜，想着远方的亲人和自己怎么也走不出来的心理阴影，眼泪就会止不住地流下来。

当年一起参加记忆大师训练的还有另外几位妈妈。因为有共同语言，所以训练之余经常会一起交流一些关于孩子的话题。我们也成了并肩作战的战友。

但是这种骨肉分离的思念之痛真的很难承受。精神压力越大，这个过程就越煎熬，没做过妈妈的选手是很难理解这种心情的。两个月以后，跟我关系比较好的另外两位妈妈还是承受不了这种煎熬，为了孩子选择了放弃。

她们的离开对我有很大的触动。她们走后的第一周，我几乎每天都失眠，而且失眠的时候多是在想孩子。很多次，我从睡梦中哭醒。但即使这样，我也没想过要放弃。因为我相信，只要我坚持下去，梦想就一定会开花结果。因为我相信，上天总会偏爱那些努力、有梦想的人！

在坚持了206天以后，我最终克服了重重困难，抗着巨大的精神压力，拿到了梦寐以求的"世界记忆大师"证。

收获荣誉的同时，感慨过往的辛酸。相比这一纸证书，我感觉自己收获更多的是训练过程中坚忍的毅力和一起拼搏奋斗的队友间的深厚情谊。细细品味，这些收获远比一张证书的价值要高。这些情谊会一直延续下去。我们这批人在将来的日子里，将会一起在脑力训练的行业贡献自己的力量，一起推动行业的发展。拿到"世界记忆大师"证书是训练的结束，也是全新的开始！

在此书出版之际，再次感谢家人的大力支持，感谢学生家长的信任和鼓励，当然更感谢恩师张海洋老师，感谢尚忆战队的每一位教练，感谢一起训练的每一位队员，感谢一路走来给予我关注、关心、鼓励、支持的所有朋友们！

我不是天赋型选手，但是我用自己的行动向关心我的人证明：

只要选定努力的方向，只要意志坚定，只要勇往前行，只要永不动摇，总有一天可以拥有天才般的大脑！

后　　记

跟李老师相识在2018年的一次行业峰会，李老师对教育培训的情怀和对专业的认真深深地折服了我，这让我对李老师一开始就抱着一种敬仰。

去年得知李老师有计划把自己所学写成书，我非常喜悦，也非常期待，于是厚着脸皮问能否带上我一起合作。论专业水平，李老师远在我之上；说到堆文码字，我略胜于李老师。我们两人相辅相成，就有了这本书。

我们希望通过这本书，让更多的记忆爱好者更深入地了解记忆大师们的记忆方法，也让更多的中小学生和大学生以及更多的从业者能够掌握一套更好用的记忆方法。

但文字所能承载的内容毕竟有限，所以请读者朋友们千万不要认为读完此书就能成为记忆高手，更不要期望读一本书就能成为记忆大师。

这本书的目的，只是让大家更加全面、系统地了解和学习这种方法。想要参加专业的竞技比赛，建议大家再多花一些时间和精力，去找专业的教练封闭训练一段时间，效果会更好。

也欢迎广大的读者朋友、记忆爱好者、脑力爱好者、同行把你们更好的方法和经验分享给我们，我和李老师非常愿意跟大家一起学习，共同成长。

再次感谢恩师张海洋老师及尚忆团队、林约韩老师及记忆宫殿团队，感谢在本书编辑和出版过程中对我们提供支持和帮助的各位前辈、专家、朋友。更感谢本书编辑郝珊珊女士对我们的信任，此书才有机会得以出版。

鉴于我们水平和能力有限，本书中难免出现错误和不当之处，敬请各位前辈、专家、同行批评指正！

  我们一定虚心接受大家的批评，继续加强自身的学习，力争为大家写出更多精彩的内容，以感谢众读者对我们的厚爱。